水产品海洋生物毒素与检测技术

曹际娟　主　编

中国质检出版社
中国标准出版社
北　京

图书在版编目(CIP)数据

水产品海洋生物毒素与检测技术/曹际娟主编．—北京：中国标准出版社，2016.7

ISBN 978-7-5066-8242-8

Ⅰ.①水… Ⅱ.①曹… Ⅲ.①水产品—海洋生物—毒素—检测 Ⅳ.①TS254.7

中国版本图书馆 CIP 数据核字（2016）第 074183 号

中国质检出版社
中国标准出版社 出版发行

北京市朝阳区和平里西街甲 2 号（100029）
北京市西城区三里河北街 16 号（100045）

网址：www.spc.net.cn
总编室：(010) 68533533 发行中心：(010) 51780238
读者服务部：(010) 68523946

中国标准出版社秦皇岛印刷厂印刷
各地新华书店经销

*

开本 787×1092 1/16 印张 12.25 字数 254 千字
2016 年 7 月第一版 2016 年 7 月第一次印刷

*

定价 56.00 元

编委会名单

前　言

随着沿海水产养殖业规模和密度的不断提高，陆地氮磷等营养元素大量进入海洋，造成严重的海洋水体富营养化问题，为赤潮的形成奠定了基础。近二十年来，有害赤潮在全球范围内频繁爆发，其中一部分由产毒藻引起的有毒赤潮严重破坏了海洋生态系统并威胁着人类的身体健康。有毒赤潮产生的毒素及其他海洋生物毒素成为水产品中重要的污染物来源之一。每年因食用有毒海洋产品造成的中毒事件时有发生，如河豚鱼中毒（Puffer Fish Poisoning，PFP）、西加鱼中毒（Ciguatera Fish Poisoning，CFP），以及因食用贝类引起的麻痹性贝毒（Paralytic Shellfish Poisoning，PSP）、记忆缺失性贝毒（Amnesic Shellfish Poisoning，ASP）、腹泻性贝毒（Diarrhetic Shellfish Poisoning，DSP）、神经性贝毒（Neurotoxic Shellfish Poisoning，NSP）等中毒事件。另外，因食用织纹螺引起的中毒事件在我国沿海地区频繁发现。据统计，自 20 世纪 70 年代以来，我国发生了 150 余起食用海洋产品中毒事件，中毒人数 800 余人，其中 55 人死亡。2004 年，在内陆城市银川又发生了食用织纹螺导致的中毒事件，中毒人数 50 余人，有 1 人死亡。由此看来，海洋生物毒素已成为影响水产品品质的重要因素，严重威胁水产品的食用安全，制约着当前水产养殖业的可持续健康发展。

为保障海洋产品食用安全，必须加强对海洋生物毒素检测分析的研究。随着现代分析技术的快速发展，小鼠生物测试法、酶联免疫检测法、现代分子生物学检测技术、胶束电动色谱法、毛细管电泳法、高效液相色谱以及高效液相色谱-质谱法等已经成为海洋生物毒素检测的常用手段。本书从毒性作用机制角度对常见海洋生物毒素分类，并对各类毒素的理化性质、毒理作用、检测方法等进行了论述，以供相关科研及检验工作者参考。

曹际娟

2016 年 1 月 5 日

目　录

第一章　绪　论

第一节　水产品海洋生物毒素概述

水产养殖业是我国重要的支柱产业之一，养殖种类繁多，养殖规模不断扩大。其中扇贝、牡蛎、贻贝和蛤仔等是常见的养殖生物种类，每年都大量出口。同时，野生贝类和海螺的种类多、数量大，成为人们经常消费的水产品。如我国福建和浙江等沿海地区的居民食用织纹螺的习惯由来已久，织纹螺成为人们餐桌上的一道美味。但因食用贝类和螺类导致的中毒事件时有发生，严重时甚至会导致食用者死亡。引起中毒的主要原因是贝类体内含有生物毒素，其中不同类型的海洋微藻毒素及西加鱼毒素等是常见的致毒因子。近年来，随着分析技术的发展和人们对水产品质量的关注，对海洋生物毒素的了解逐步深入，在一定程度上推动了贝类食品安全研究工作。

一、种类

海洋生物毒素主要由藻类或浮游植物产生，根据化学结构可将海洋生物毒素大致分为多肽类毒素（包括河豚毒素和芋螺毒素）、聚醚类毒素（目前已发现有100余种，线性聚醚以岩沙海葵毒素和西加毒素为代表）、生物碱类毒素（石房蛤毒素、刺尾鱼毒素）等三大类。也可以根据毒性作用机制分为腹泻性贝毒（DSP）、麻痹性贝毒（PSP）、神经性贝毒（NSP）和记忆缺损性贝毒（ASP）四类。海洋生物毒素可以在滤食性的软体贝壳类动物的组织内蓄积[1,2]。

二、成因

海洋生物毒素属于海洋天然有机物，其形成与海洋中有毒藻类赤潮的发生密切相关。海洋中能够引起赤潮的藻类有300多种，其中能够产生毒素的有80余种，为海洋微藻总数的2.0%，并且这一数目还随着人类认识的不断深入而继续增长[3,4]。海洋贝类通过滤食有毒的藻类，经过生物体内累积和放大作用则转化生成相关毒素，即贝毒。

三、来源

麻痹性贝类毒素：麻痹性贝毒是研究较早的一类海洋毒素，但直到20世纪二三十年代才把这类毒素和海洋中的有毒甲藻赤潮联系起来。到目前为止，已经确定 *A. catenella*，*.A fundyense*，*A. fraterculus*，*A. lusitanicum*，*A. cohorticula*，*A. minutum*，*A. monilatum*，*Gymnodinium catenatum*，*A. ostenfeldii*，*A. tamarense*，*Pyrodinium bahamense var. compressum* 等多种可以产生麻痹性贝毒的甲藻。除此之外，也有部分蓝藻产生麻痹性贝毒的报道。另有研究表明，与甲藻共生的部分细菌也能够产生麻痹性贝毒毒素[5]。

腹泻性贝类毒素：大田软海绵酸和鳍藻毒素是引起腹泻性贝毒中毒的主要毒素类型，二者主要是由鳍藻属和原甲藻属的有毒藻产生。鳍藻属的藻类是浮游植物群落中所占比例较少的生物，所以极少有鳍藻大量繁殖导致水体变色的报道。目前已经检测到鳍藻属中能够产生大田软海绵酸或鳍藻毒素的藻种共有 7 种，其中能够产生 OA 的藻种是 *Dinophysis*、*D. acuminata*、*D. acuta*，能够产生 DTX 的藻种是 *D. acuta*、*D. fortii*、*D. mitra*、*D. norvegica*、*D. rotundata* 和 *D. tripos*。除了这七种藻类外，*D. caudata*、*D. hastate*、*D. sacculus* 也被研究者怀疑能够产生毒素，但尚未得到普遍认可。原甲藻中能够产生毒素的藻种通常为半底栖型藻种，同样很难达到较高的生物量，如 *Prorocentrum hoffmannianum*、*P. lima*、*P. concavum* 等。与之相对的是部分浮游型原甲藻藻种，它能够生长达到很高的生物量，但是通常不具有毒性效应，因此危害并不显著。对于影响有毒藻产生藻毒素的因素及其机制，在腹泻性贝毒产毒藻中研究较少，这主要是由于鳍藻的室内培养比较困难。因此，对腹泻性贝毒产毒藻的产毒生理学研究主要集中在原甲藻上。Quilliam 等[6]和 Jackson[7]等探讨了氮、磷营养物质对部分有毒原甲藻生长和毒素产生的影响。结果表明单位细胞的毒素含量与生长呈正相关关系。氮限制和磷限制能够使单位细胞毒素水平上升，Prorocentrum lima 在利用有机磷酸盐作为磷的来源时也表现出毒素含量升高的现象。对鳍藻的少数产毒生理学研究大多是采用野外采集的有毒藻在实验室内短期培养完成的。也有研究表明，氮缺乏会导致 *Dinophysis acuminata* 和 *D. acuta* 细胞内毒素水平升高。

鳍藻属和原甲藻属的有毒藻种在世界广泛分布，其中原甲藻属的有毒藻种主要分布在热带和温带海域。根据对浮游植物的调查和研究，在我国沿海也存在能够产生腹泻性贝毒的有毒藻种，如 *D. caudata*、*D. fortii*、*D. mitra*、*D. rotundata*、*Dinophysis acuminata* 等，并且腹泻性贝毒在贝类样品中也已有检出。

记忆缺失性贝毒：记忆缺失性贝毒最早的研究开始于 1987 年。这一年，在加拿大发生了食用贻贝导致的中毒事件，有 150 余人中毒，并有 3 人死亡，但是造成中毒的原因并不清楚。因为中毒病人的典型症状之一是记忆丧失，所以人们将可能导致中毒的毒素称为记忆缺失性贝毒。随后，加拿大政府组织开展了一系列研究工作，很快就有结果表明导致中毒的毒素成分为软骨藻酸，其在贝体内的蓄积导致了食用者中毒。软骨藻酸最早是由日本科学家从日本南部的大型红藻 *Chondria armata* 中分离得到，人们尝试用其杀灭昆虫，在随后的研究中又在其他种类的大型红藻中发现了相同的化合物。但这种化合物并未得到人们足够重视，直到 1987 年在加拿大发生了大规模食物中毒事件后才逐渐得到人们的关注。研究报道在加拿大导致人类中毒的软骨藻酸是来自一种硅藻——多列型尖刺拟菱形藻。随后人们又陆续发现有多种产生软骨藻酸的藻种，如 *P. actydrophil*、*P. australis*、*P. delicatissima*、*P. multistriat* 、*P. pungens*、*P. pseudodelicatissima*、*P. seriata*、*a* 以及不属于拟菱形藻属的一种硅藻 *Amphora coffaiformis* 等。但有的藻种，如 *Amphora coffaiformis* 和 *P. multistriata*、*P. pungens* 只有极少的文献报道产毒，其毒性状况并未得到普遍的认可。

不同藻种软骨藻酸的产生情况差异很大，而且受到温度、营养盐等因素的影响，但作用机制并不清楚。通常而言，水温的上升能够促进软骨藻酸的产生，但是，一些冷水中也能够产生高浓度的软骨藻酸。营养物质显著影响藻毒素的产生，以往的研究曾提出，硝酸盐的增加能够提高藻细胞内毒素的含量，使软骨藻酸合成速率增加[8]；连续培养条件下毒素产生的量与生长速率和硅的吸收成反比[9]；磷缺乏也可以导致毒素合成的增加，软骨藻酸合成的增加与细胞碱性磷酸酶活性的增加成正比，表明毒素合成也与磷限制有关[10]。拟菱形藻广泛分布于全球海水中。有毒藻种的全球分布在某种程度上决定了软骨藻酸的污染可能成为一个全球性的问题。虽然我国已报道发现多种能够产生软骨藻酸的拟菱形藻，如 *P. delicatissima*、*P. pungens*、*P. seriata*，但迄今为止尚未有我国的这几种藻株产毒方面的报道。

神经性贝毒：系由短裸甲藻（*Gymnodinium breve*）产生，它常在墨西哥湾和弗罗里达沿岸形成赤潮，引起鱼类大量死亡，其所产生的毒素主要是短裸甲藻毒素（BTX）。在各类贝类毒素中，BTX－B 最早被发现。其结构通过 X 射线衍射分析得到，这是首个从甲藻中分离得到的聚醚化合物。随后 BTX－B 的两个同系物，BTX－C 和 *dihydrobrevetoxin B* 也先后从同一藻种中被分离出来，此后，毒性最高的组分 BTX－A 的结构也通过 X 射线衍射分析得到。除此之外，还从同一种藻中分离得到了半短裸甲藻毒素 *hemibrevetoxin B*。在 1993 年新西兰的中毒事件中，人们从贝类中分离得到了一些新的毒素成分，如 BTX－B1、BTX－B2、BTX－B3，这些组分在藻类中从未被发现过。虽然 BTX－B1 和 BTX－B2 保留了 BTX－B 毒素作用于钠离子通道的特征，但却丧失了鱼毒性。

四、分布

麻痹性贝毒：是迄今为止世界范围内分布最广、危害最大的一类赤潮生物毒素。其中石房蛤毒素（saxitoxin）最早在北美洲的石房蛤内发现，随后有研究表明这类毒素实际上是来源于海水中的有毒甲藻。麻痹性贝毒在世界范围内的分布非常广泛，随着人们对藻毒素问题的日益关注，在世界上很多地方发现了贝类中存在麻痹性贝毒的污染问题。图 1－1 显示了 1970 年和 2000 年麻痹性贝毒（PSP）检出情况在全球的变化[11]。

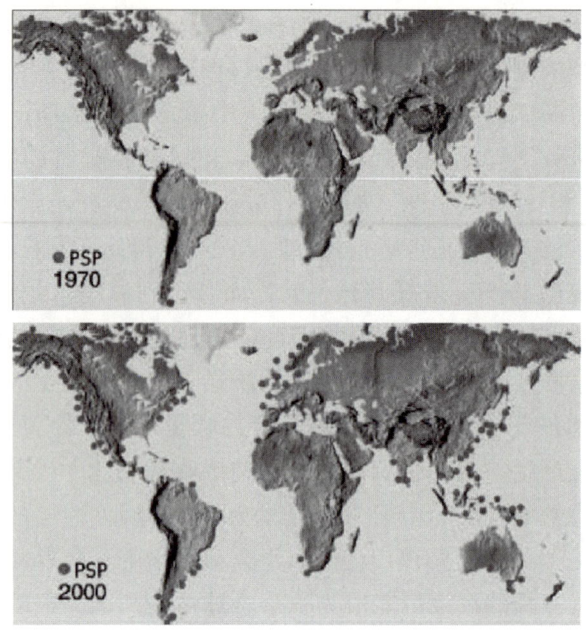

图 1-1 全球范围内麻痹性贝毒分布情况的变化

腹泻性贝毒：最早的腹泻性贝毒中毒事件在 20 世纪 60 年代发生在荷兰，之后在日本、欧洲、南美、远东、法国、智利、西班牙、丹麦等地区陆续有发现腹泻性贝毒的报道，但大多报道集中于日本和欧洲。在北美和新西兰也有关于腹泻性贝毒产毒藻的报告，但尚未有中毒事件发生。日本腹泻性贝毒类型以 DTX1 较为常见，而就欧洲而言，OA 毒素发现较多。但最近的研究显示，欧洲贝类中的腹泻性贝毒以 DTX2 含量最高，DTX2 是一种发现较晚的腹泻性贝毒毒素，是 OA 的异构体。有报道爱尔兰贝类中发现的毒素主要是 DTX2，在西班牙及意大利的贝类中 DTX2 也是主要的毒素类型[12]。通常认为 DTX2 由 *D. acuta* 产生，而 *D. acuminata* 主要产生 OA。最近有研究者发现，亚得里亚海的贻贝中也含有 DTX2[13]，但研究者怀疑其产毒藻是 *D. sacculus*。*D. sacculus* 的赤潮经常伴随 *D. acuminata* 发生，现在人们倾向于认为这两个种实际上是同种异名。在加拿大，产毒藻主要类型为 *D. acuminata*，*D. acuta*，*D. norvegica*，*P. lima* 等。腹泻性贝毒在全球的分布仅次于麻痹性贝毒。

记忆缺失性贝毒：在美国太平洋沿海海域多处发现了能够产生记忆缺失性毒素的拟菱形藻属的藻种。在阿拉斯加，虽然当地海域存在能够产生毒素的拟菱形藻，但贝样中的软骨藻酸含量一直较低。但 1991 年在加利福尼亚 Monterey 湾发生了鸟类中毒的现象，并表现出典型的神经性中毒症状，随后的研究发现中毒现象是鸟类摄食了被软骨藻酸污染的鳀鱼造成的。软骨藻酸来源于当地海水中的 *P. australis*。1996 年在墨西哥太平洋沿岸海域也出现了鸟类中毒的现象，150 只鸟死亡。并且有研究表明这些鸟类是摄食了被软骨藻酸污染的鲭鱼而死亡，有学者认为有毒藻种可能是 *P. australis*。随后在华盛顿、俄勒冈沿海海域的蛏蛏中也相继检测到软骨藻酸，并停止了这些海域的蠕蛏采捕。在 1998 年，加利福尼亚海域 *P. australis* 产生的软骨藻酸沿食物链富集传递，引起了约 400 只海豹死亡。华盛顿州蠕蛏中的毒素含量亦达到了较高水平，并且导致部分养殖区关闭，幸运的是尚未有人员中毒的纪录。在美国东海岸和墨西哥湾海域也都发现了有毒的多列拟菱形藻，藻的毒性与加拿大分离得到的有毒藻相似。在相关海域贝类中也曾检出过软骨藻酸，但含量较低，从未出现人类中毒事件。

在丹麦和荷兰发现了能够产生软骨藻酸的有毒藻种分别是 *P. seriata* 和 *P. multiseries*。1996 年在葡萄牙的贝类中普遍检出软骨藻酸，但毒素含量并不是很高，且没有中毒事件发生，怀疑产生此类毒素的藻种是 *P. australis*。西班牙也曾在 1995 和 1996 年在贻贝和扇贝中检测到软骨藻酸，但毒素含量同样较低，怀疑产毒藻种也是 *P. australis*。1999 年在苏格兰当地的扇贝样品中检出软骨藻酸[14]，结果导致 14，400 平方公里的扇贝养殖区被关闭，某一部分区域的关闭时间一直持续到 2000 年。这可能是有史以来最大规模的养殖区关闭，造成了年均 1700 万美元的经济损失，所幸没有人员中毒事件发生。在法国，对浮游植物的系统监测显示海水中的 *P. pseudodelicatissima* 和 *P. multiseries* 浓度相对较高，贝类中也相应遭了软骨藻酸的污染。

神经性贝毒：是目前为止危害范围较小的一类海洋生物毒素，主要分布在美国墨西哥湾一带。近年来，在欧洲、新西兰等地也相继发现了有毒藻——短裸甲藻的存在，该结果表明发生神经性中毒事件的区域也可能在不断扩大。

第二节 海洋生物毒素对人类健康的影响

赤潮危害人类健康，最主要是由于有毒赤潮藻类产生的赤潮毒素通过食物链富集和传递，最终导致人类的中毒甚至死亡。另外，赤潮藻类也会通过机械作用或产生溶血毒素导致养殖鱼类死亡。

据统计，在全球范围内近 2000 件案例纪录中，人类因误食有毒的贝类和鱼类而中毒导致的死亡率达 15%。不仅鳟鱼、海豚、海龟因捕食被有毒藻类污染的浮游植物和鱼类而死亡，还有海牛、海鸟等受毒而死的报告。西方国家从 20 世纪 40 年代起，近海海域就已经富营养化，所以导致赤潮频频发生。近些年来，赤潮对我国海域的危害日趋明显，大面积赤潮频繁发生，严重制约着我国沿海地区经济发展。赤潮影响的范围遍及南海、东海、黄海和渤海四大海域，其中珠江口、湛江口、舟山群岛、长江口、胶州湾、大连湾、辽东湾和渤海湾是赤潮高发区。1998 年，渤海海域发生的大规模的赤潮，整整持续了 71 天，影响面积达到 10000 平方公里，直接造成海洋渔业及水产养殖业经济损失约 5.6 亿元。同年，深圳大鹏湾的一次大型赤潮席卷南澳海域，大批养殖鱼类横尸大海。据报道，仅一个生产养殖企业就损失 4000 多万元。

几种毒素的致毒机理、中毒症状等如表 1-1 所示[15]。

表 1-1　几种赤潮藻毒素的比较

毒素名称	产毒藻类	活性成分	致毒机理	轻微症状	严重症状
麻痹性贝毒（PSP）	Alexandrium	石房蛤毒素（STX）	作用于 Na^+ 通道位点 1，阻断神经及肌肉细胞内 Na^+ 内流	30min 后嘴唇感觉刺痛或麻木，逐渐扩散到面部和颈部，手指和脚趾有针刺的感觉，头晕、恶心、呕吐、腹泻	肌肉麻痹，呼吸困难，有窒息感觉，进食后（2～24）h 会发生由呼吸麻痹引起的死亡
	Acatenella				
	A. catenella	新石房蛤毒素（neo－STX）			
	A. cohorticula				
	A. tamatense	漆沟藻毒素（GTX）			
	A. ostenfeldii				
	Gymnodinium	C 毒素			
	Catenatu				
	Gonyalax polyedra				
腹泻性贝毒（DSP）	Dinophysis acuta	软海绵酸（OA）	OA 和 DTX 抑制蛋白磷酸酶活性	30min 到几个小时后，表现出腹泻、恶心、呕吐和腹部疼痛等症状	长期慢性接触可能会促进消化系统癌变
	D. acuminate	鳍藻毒素（DTX）			
	D. fortii	蛤毒素（Pecteno－toxins）			
	D. nitra	虾夷扇贝毒素（Yessotoxins）			
	D. caudate				
	Prorocentrum lima				
记忆缺失性贝毒（ASP）	Pseudonitzschia	骨藻酸（Domoic Acid）	作用于神经递质受体（谷氨酸受体）	（3－5）h 后腹泻、恶心、呕吐、腹部痉挛	对疼痛的反应力降低、头昏眼花、精神混乱、短期记忆丧失、定向障碍、癫痫等
	Multiseries				
	Ps. australi				
	Ps. seriata				
	Ps. pseudodelicatissima				

表 1－1(续)

毒素名称	产毒藻类	活性成分	致毒机理	轻微症状	严重症状
神经性贝毒(NSP)	Gymnodinium breve	短裸甲藻毒素(Brevetoxins)	作用于 Na^+ 通道位点 5，诱导 Na^+ 内流	3－6h 后感觉寒冷、头痛，腹泻、肌肉无力、关节痛、恶心、呕吐	感觉异常、忽冷忽热、呼吸困难、产生幻视、有说话和吞咽障碍、体温变化敏感。
西加鱼毒(CFP)	Gambierdiscus	西加鱼毒素(CTX)	作用于 Na^+ 通道位点 5，诱导 Na^+ 内流，活化 Ca+通道	症状发生在吃鱼后(12～24)h，肠胃的症状有腹泻、腹部疼痛、恶心、呕吐	手脚麻木，有刺痛感，失去平衡，心跳减慢，血压降低，出现皮疹。更严重时，因呼吸衰竭而死亡
	Toxicus				
	Ostreopsis siamensis				
	O. lenticularis	刺尾鱼毒素(MTX)			
	O. heptagona				
	O. ovata				
	Prorocentrum	鹦嘴鱼毒素(SCTX)			
	Concavum				
	Amphidinium carterae				

第三节 海洋生物毒素对水产渔业的影响

赤潮对海湾水产养殖业可造成毁灭性的打击，可导致养殖对象在极短的时间内全部死亡。而养殖区的贝类、蟹、虾等通过食物链可富集对人类生命健康有威胁的赤潮生物毒素，造成赤潮区养殖对象被禁捕、上市及出口，从而给养殖业造成巨大经济损失。据统计，全世界每年由赤潮引起的水产养殖业直接经济损失高达数十亿美元。

赤潮对海洋生态环境几种危害形式主要是：第一，赤潮生物分泌粘液，粘附于鱼类等海洋动物的腮、呼吸道粘膜上，阻碍其呼吸，最终导致窒息死亡；第二，赤潮藻类产生有害物质，如氨、硫化氢等，使海水pH升高、粘稠度增大，并使浮游生物的生态系统群落结构发生改变；第三，赤潮发生时，大量藻类密集浮游于海水表面，阳光、氧气难以透过海水，导致水下其他生物缺少氧气和阳光，生存、繁殖受到威胁；赤潮藻类死亡时不仅会消耗大量氧气，而且产生大量有机物积累在海水底层，致使海洋底部生态环境恶化，最终导致底栖生物大量死亡，厌氧细菌大量繁殖，生态系统结构遭到破坏。

第四节 海洋生物毒素的药物开发价值

国外对于海洋药物的基础性方面研究较多，且对海洋毒素的研究相当重视，并对结构特殊、作用强烈的物质实行了人工合成或结构改造。目前很多研究者正在积极探索海洋毒素预防心血管及老年病等方面的生物活性，旨在研发可供临床应用的新药。我国对海洋毒素药用价值的研究起步较晚，但在河豚毒素、海葵毒素等的研究领域中取得了巨大进展。目前，海洋生物毒素的生源学、天然产物化学、毒理学、药理学、微生物学、基因工程等方面的研究探索以及临床上的开发应用都展现了良好的前景。海洋毒素的学术意义及实际应用价值将随着其研究的不断深入而扩大，并且在化学、医学和生物学等方面必将发挥其重要性。

随着海洋资源及海洋化学研究的深入发展，许多海洋毒素得到较好分离提纯，为医药界提供了可选择的药源。很多学者已从海洋生物中分离鉴定了成千上万种的天然化合物，其中有很多是结构新颖的具有强烈生理活性和药用价值的天然化合物，并且有一部分已在临床上得到应用。以下仅就其在神经系统、心血管系统和止痛等方面的应用作一概述[16]。

一、海洋生物毒素对神经系统的作用

大多数剧毒的海洋生物毒素都具有较强的神经毒性，而且作用于离子通道，因而

在神经系统中起着重要的作用。

河豚毒素（TTX）是一种电压敏感的 Na^+ 通道的特异性阻滞剂，对神经、肌肉、心肌传导纤维等可使细胞膜兴奋的 Na^+ 通道具有高度专一性，其作用机制并非是通过简单的“分子嵌塞”作用，而是通过先与细胞膜上专一性受体结合，再通过“关启机制”使通路关闭，从而阻滞神经细胞的兴奋和传导。TTX 粗品最初是用于治疗麻疯患者的神经痛，20 世纪 60 年代开始使用其结晶品，其除对术后疼痛无效外，对其他疼痛均有良好的效果，是一种较强的镇痛剂，作用缓慢而持久，并且尚未见成瘾报道。TTX 针剂曾代替吗啡、阿托品和南美筒箭毒等治疗神经痛，不仅如此，它还具有很强的局麻作用，可用作局麻药，麻醉效果比常用的麻醉药强万倍。

石房蛤毒素（STX）最初从石房蛤中分离得到，之后又从几种膝沟藻中获得，1975 年确定其结构，它的作用机制与 TTX 相似，有较强的局麻作用，比普鲁卡因强 10 万倍。

芋螺毒素除含有一些酶、睡眠肽及加压素等活性物质外，还含有丰富的小分子毒肽，每一种小肽都能够特异地靶向特定的受体，并且产生多种生物学活性，如麻、颤、惊、昏、多动、死亡等症状。芋螺毒素是从芋螺中得到的一类具有神经毒性的活性肽，芋螺毒素包括两类不同的结构。ω-芋螺毒素可阻断神经末稍的电压依赖性钙通道，阻碍神经末稍递质释放，为颤抖阻滞剂。ω-芋螺毒素是第一个阻断钙通道的多肽，目前只在食鱼性芋螺（地纹芋螺、魔术家芋螺和线纹芋螺）中发现有 ω-芋螺存在。α-芋螺毒素能够抑制突触后膜的乙酰胆碱受体。μ-芋螺毒素可阻断肌细胞中电压依赖性钠通道，是与胍基神经毒素河豚毒素、石房蛤毒素竞争的多肽；μ-芋螺毒素与蝎子毒素(α—scroption)类似，都是选择性阻断电压敏感的 Na^+ 通道。芋螺毒素是离子通道和受体的很好的生化探针，是生化、生理及药理研究的有用工具。

Distanstoxin 是一种来自芋螺 Conus distons 的多肽毒，小鼠实验表明 Distanstoxin 不仅具有抑制神经递质释放的作用，还发现它与 Ca^{2+} 通道有关，是一种 Ca^{2+} 拮抗剂。

海参毒素是一种皂甙，不仅能够不可逆地阻断神经传导，而且对中风引起的痉挛性麻痹有治疗作用，是目前在药理方面研究最多的一种富含皂甙的海洋生物。

青环海蛇毒不仅能减少和抑制运动终板接头部位乙酰胆碱的释放，而且还有阻断接头突触后的作用，从而阻滞神经肌肉接头传递。青环海蛇毒具有明显的镇痛作用，比盐酸吗啡强，但它起效慢而持久，过量能够抑制呼吸，最终导致呼吸停止，甚至死亡。

二、海洋生物毒素对心血管系统的作用

从海洋生物中尤其是腔肠动物中得到的多肽类物质大多为神经毒素或心脏毒素。在这些毒性很大的肽类物质中，亦有不少心血管活性物质。近年来，研究者不仅在海洋多肽中发现了强心多肽 APA，而且还发现了具有第三类抗心律失常药物特点的多肽物质 ATXⅡ。APA 的正性肌力作用相当于洋地黄的 35 倍，但是毒性只有洋地黄的

1/3；APA 对各种动物的心脏不仅能够产生正性肌力作用，而且对心率、血压均无影响，并且其作用几乎不受利血平或 α、β-肾上腺受体阻滞剂的影响。虽然 APA 的强大的正性肌力作用为临床上寻找新的强心药提供了研究方向，但 APA 的抗原性及心肌失效等缺陷还有待解决。

ATX－Ⅱ是从槽沟海葵（Anemonia sulcata）中分离得到的，1966 年，Beress 得到了两个部分纯化的多肽。ATX－Ⅰ、Ⅱ、Ⅲ的肽链分别含有 46、47、27 个氨基酸残基，三者在结构上与 APA 具有同源性。ATX－Ⅱ的生理作用也与 APA 相似，ATX－Ⅱ不仅对心脏表现为正性肌力作用，而且对神经细胞及心肌细胞动作电位的时程和不应期具有延长作用，还能提高心肌细胞动作电位的幅度。ATX－Ⅱ对心脏的毒性作用主要是延迟 Na^+ 的内流失活，加快 Na^+ 的转运，从而影响 Na^+、K^+－ATPase 泵的结果。ATX－Ⅱ与 APA 药理作用及机制的相似性与二者相似的氨基酸顺序、碱性及所含二硫键的数目以及相似的构象密不可分的。曾有研究人员用麻醉狗实验证明，静脉注射 ATX－Ⅱ1.0～5.0μg/kg 能快速反转电刺激诱发的房颤性心律失常，在自主神经阻断的情况下，增加心房及心室的不应期和动作电位的时程，并且对心房、心室和传导速度以及心率及房室结的反应性没有影响。ATX－Ⅱ的这些特性及其正性的肌力作用与第三类抗心律失常药的特性高度相似。

西加毒素（CTX）的名字来源于西加鱼类，这种毒素曾在 400 多种鱼中分离得到过，究其真正来源是双鞭藻岗比毒甲藻（Cambierdiscus toxicus）。CTX 是一种脂溶性高醚类物质，低剂量的 CTX 就能引起神经及肠道症状，高剂量的则可导致哺乳类的心动过缓，低血压及心律失常。CTX 对豚鼠离体的心房肌有兴奋作用，亦可使交感神经纤维兴奋、心率加快以及心脏收缩力加强。CTX 对心脏的作用机制最可能是作用于 Na^+ 通道，进而增加钠对膜兴奋时的渗透性，由于 CTX 的去极化作用可以被河豚毒素和细胞外钙离子浓度增加所阻滞，因此西加毒素和河豚毒素可互相作为解毒剂。

岩沙海葵毒素（PTX）研究始于 1971 年美国 Oklahoma 大学的 Attway 和 Hawaii 大学的 Mor，是目前已知的毒性最强的非蛋白类海生毒素，主要从岩沙海葵属的不同种海葵中分离得到的。PTX 是现今最强的冠状动脉收缩剂之一，其作用强度是血管紧张素的 100 倍。PTX 的动物实验表现为升血压，伴有心律失常现象，并且可导致心脏停博以及心电图 S－T 段及 T-波明显升高。毒理学动物实验小鼠腹腔注射 LD_{50} 为 (50～100)ng/kg，静注为 0.15ng/kg，该法无法应用于临床。大多数海洋毒素的作用是通过影响细胞膜的离子通道性而完成的，PTX 并不例外。PTX 对心脏的作用主要是由于 PTX 能增加细胞膜对 Na^+、K^+、Ca^{2+} 的通透性，因此引起持续除极，进而导致心律失常和心肌挛缩。

Muramatsu 在豚鼠心主肌细胞上使用斑片钳技术研究证明，PTX 在细胞膜上形成一个新型的离子通道，这一通道在任何膜电位条件下都能开放，而且对 Na^+ 具有高度的选择性。自 PTX 的结构确定之后，哈佛大学就开始了对 PTX 进行合成的工作，日本制备了 PTX 抗体来中和其在体内的抗原性。国内也得到了 PTX 纯品并证明了它的心血管药理活性。

刺尾鱼毒素（MTX）是目前发现的5种影响Ca^{2+}通道的毒素之一，为Ca^{2+}通道激动剂，与上述毒素作用相反，对豚鼠心脏则有抑制作用。MTX可直接作用于心肌，且优先作用于内皮细胞，是由于有研究者在对MTX致死的心肌细胞进行组织学观察研究时，发现只有毛细血管与心肌相连处的内皮细胞才有大量的Ca^{2+}积聚，同时发现因为MTX致使平滑肌细胞的通透性发生改变而使Ca^{2+}持续内流，导致平滑肌细胞的磷酸肌醇大量聚积。

第五节 水产品海洋生物毒素检测技术概述

海洋生物毒素的检测分析方法从学科角度主要分为两大类：生物学测试和化学方法测试。生物学测试按不同途径可以分为生物体内测试和生物体外测试两种，其中生物体内测试是指将测试样品通过口服或注射途径引入受试动物体内，观察试验动物的中毒特征和死亡时间等，如小鼠、家兔、家蝇和蝗虫生物测试法等；而生物体外测试则是指使用生物的细胞、体内的酶、免疫抗体和抗原等作为测试的材质，曝露在生物毒素中后会发生一些变化，通过观察某些敏感的变化指标来反映生物毒素的毒性大小。化学方法测试是指使用化学的方法和生物毒素的理化性质直接测试生物毒素的含量，但不能够直接反映测试毒素的毒性大小。

一、生物检测法

1. 小鼠生物测试法

小鼠生物测试法是目前最为常见的一种测试海洋生物毒素的毒性大小方法，目前已成为美国分析化学协会（Association Official Analytical Chemists，AOAC）的标准方法，主要是因为小鼠是一种啮齿哺乳类动物，繁殖很快，容易饲养，与人类中毒反应较为相似。由于PSP毒素在最稳定时pH值是3～4，提取物中大量的盐，特别是Na^{+}会降低生物毒素的毒性值，因此在实验中对毒素提取溶液的pH和盐的含量要严格控制。牡蛎样品中积累的Zn元素也会对小鼠有致死作用，导致测试分析结果偏高[17]。同时由于不同品系的小白鼠对PSP的敏感性有较大的差异，故标准方法中选用ICR品系小鼠为测试动物，将一只体重为20g的ICR品系的雄性小鼠在15min内被杀死的毒性定义为1鼠单位（MU），1MU=0.18μgSTX。

在DSP毒素的分析方面小鼠生物测试法也是最常用的方法之一，样品用丙酮提取，旋转蒸干后溶解到1%的吐温60，提取液注射到体重约为20g的小鼠腹腔内，在（24～48）h内观察小鼠行为。实验中规定：在腹腔注射后24h内将2～3只体重为20g的小鼠致死的最小剂量，称为1鼠单位。该方法主要经历了四次改进：最早有人使用丙酮提取贝样的内脏；后来有人改用二乙基醚提取，尽管可以消除PSP的干扰，但不适合提取 YTX；Lee 等人在二乙基醚基础上进一步改进，但发现这样提取的方法会损失低极性的 DSP 毒素；最后改用添加己烷冲洗脂肪酸的方法提取。目前，加拿大国家研究中心已经制备出了用于小鼠生物测试的校正的标准大田软海绵酸的校正溶液和含标准物的参考贝样。由于 DSP 毒素是一种脂溶性的毒素，样品提取过程中为保证毒素的提取效率，提取步骤相当繁琐；同时样品提取溶液中的生物基质成分相当复杂，容易造成检测的正误差。另外，该方法对腹泻性贝毒的最低检出限为 0.8μgOA eq./g，远高于通用的管理标准（0.2μg OAeq./g）。因此，小鼠腹腔注射法一直未能发展成为标准测试方法。此外，欧洲一些国家流行使用大鼠口服测试法来模拟人口服中毒的效应，旨在监测贝类所含毒素的毒性，该法不需要样品提取，摘除贝的内脏后，定量地投喂预先饥饿的雌性鼠（体重 100g～120g），然后观测鼠排出的粪便，并进行定性检测。此方法只能对 DSP 作半定量的分析。

小鼠腹腔注射法测试 ASP 的方法是在加拿大首次爆发记忆缺失性贝毒中毒事件之后建立的。在向小鼠腹腔注射毒素提取物后，需要连续观察 4h，间断观察到 18h。注射 DA 后，小鼠出现不停地用后腿抓挠肩膀部位，身体失去平衡，走动蹒跚的现象，最后出现痉挛症状。该方法对 DA 的最低检出限为 40μg/g，高于管理标准 20μg/g。当毒素含量较高时（>100μg/g），中毒症状与剂量之间有良好的相关性。

小鼠腹腔注射法测试 NSP 毒素的提取方法，使用二乙基醚提取毒素或使用丙酮和二氯甲烷两步提取，这与测试 DSP 毒素极为相似。将 50%的体重为 20g 的小鼠在 930min 内致死的最小剂量称为 1 鼠单位。后来有人发现使用丙酮和二氯甲烷提取法同时将 gymnodimine 毒素提取出来的方法，因为 gymnodimine 是一种急性作用毒素，会将小鼠在短时间内致死，而无法准确评价 NSP 的含量，所以美国公众健康联合会（APHA）规定小鼠腹腔注射法测试 NSP 使用二乙基醚提取样品。目前，许多国家对可食用贝类中 NSP 的含量控制标准一般是在 20MU/100g 内。

小鼠腹腔注射法测试 CFP 毒素的主要步骤为：取鱼的内脏组织用丙酮提取，然后在甲醇、己烷或氯仿中分散，预纯化使用薄层层析或色谱柱，用氟硅酸盐柱和丙酮：甲醇流动相来进行洗脱，提取液浓缩并乳化，处理好的样品立即放置于－20℃条件下储藏，对小鼠注射样品后，监测时间不少于 24h。由于西加鱼毒的毒性较强，1MU 分别相当于 5ng、48ng、18ng 的 CTX-1、CTX-2 和 CTX-3。另外 CTX 毒素在临床上的最低限为（0.05～0.1）μg/kg，而小鼠测试法的最低检出限仅有 0.5ppb，因此对低毒量的生物毒素样品必须加内标进行校正。

小鼠生物测试法分析 TTX 毒素是由日本人 Kawabata 建立的，毒素提取方法与检测 PSP 毒素的方法类似，用盐酸提取，以体重 20g 左右的 ddY 品系雄性小鼠作为实验动物，定义：以 30min 内将一只小鼠杀死的最小剂量为 1 鼠单位，1MU＝0.22μgTTX。台湾的黄登福等人采用同样的方法，使用 ICR 品系小鼠建立了测试 TTX 毒素的方法，1MU＝0.178μgTTX[18]。小鼠生物测试法在其他海洋生物毒素的测试中也有广泛应用。一般来讲，对于水溶性毒素提取方法与 PSP 毒素的提取方法相似，操作相对简单；对于脂溶性毒素提取方法与DSP毒素的提取方法相似，操作比较繁琐，并且样品中生物基质成分复杂、干扰较大，测试结果容易出现正误差，重现性亦不十分理想。

2. 其他生物体内测试法

家蝇生物测试法分析PSP毒素，主要是将PSP的酸性提取液注入家蝇的体内，然后观察家蝇的活动特征，并记录其特征和死亡时间。家蝇生物测试法与小鼠生物测试十分相似，用该方法检测贝样中PSP的最低限为20μgSTX eq./100g贝组织。但因为该方法注射样品必须借助显微镜，无形之中增加了操作难度，不能被推广使用。

蝗虫生物测试法分析，主要原理是在蝗虫的腹部体节之间注射10μl的提取样品，观察并记录一定时间内被麻痹蝗虫的百分率，以此来计算PSP毒素毒性大小。结果发现，该方法与小鼠生物测试和液相色谱等分析结果基本一致[19]。

水蚤生物测试法分析DSP，这种方法检测OA和DTX非常灵敏，比小鼠法的检出限约低10倍[20]。

食蚊鱼生物测试法分析NSP毒素，受试动物是食蚊鱼，方法是：20mL海水中加入10μl的乙醇，之后加入NSP毒素提取液，在常规条件下培养60min，然后统计食蚊鱼的半致死剂量的死亡数量，以此求得NSP的浓度。

西加鱼毒的生物测试中，人们尝试了其他的许多种生物进行测试，受试动物主要有小鸡、猫、卤虫、蚊子和双翅目幼虫等，其中小鸡、猫、双翅目幼虫用有毒鱼肉直接喂养，卤虫利用毒素提取溶液培养，蚊子采用毒素提取溶液注射，分别观察受试动物中毒情况，但这些方法均因其自身一些限制，无法推广使用。

二、免疫分析法

免疫测试分析法检测STX毒素的试剂盒已经上市，但还未经美国分析化学家协会（AOAC）确认为标准测试方法，主要原因是其他的PSP毒素之间的交叉反应难以避免这一缺点尚未得到解决。由Jellett Biotek Ltd.公司开发的基于侧向流免疫色谱分析PSP毒素的MISTTM试剂盒，能够在20min内快速完成定量分析，还可以预扫描样品来排除阴性样品，操作简便，甚至与pH试纸的使用一样简单方便，只需要比较测试色带上两条线的颜色即可，并且每一种PSP毒素类型在管理标准附近都能够检测。缺点是不同种类的PSP毒素对抗体混合物的亲和力差异较大，不同毒素组成的样品测量结果出现较大的波动，使样品难以准确定量。

日本UBE公司基于免疫分析建立的DSP测试盒，能够对OA和DTX1进行快速的半定量分析，检出限在20ng OA eq./g。缺点是该方法对DTX1的交叉反应无法避免，与小鼠测试法相比样品的总毒性被低估。

近些年，人们建立了几种以免疫分析法检测DA的方法[21]，但仍需校正。其中，Branaa等人建立了适用于分析添加DA内标的贝组织提取样方法，具有很好的专一性和很高的灵敏度，当浓度为（2～180）μg/g时，能够进行很好的定量分析，测得的相应的贝样中 DA 毒素含量为（0.02～1.8）μg/g。

经过研究者多年努力，检测 NSP 毒素的酶联免疫分析（enzyme - linked immunosorbent assay，ELISA）方法逐步发展，对于产毒藻、贝和鱼类以及人血液中的 NSP 毒素分析方法已经成熟。

对于 CFP 的检测，分析方法主要有放射免疫分析、竞争性酶免疫分析、快速酶免疫测试和固相膜免疫分析法。目前，也已经有测试 CFP 的试剂盒上市，其具体使用方法为：将鱼类样品匀浆，加入甲醇，将裹有疏水膜的塑料棒浸入样品中一会儿，取出待膜，等膜干后，放入包裹有西加鱼毒单克隆抗体的聚苯乙烯颗粒的悬浮液中，通过膜的颜色和毒素的含量相关原理，来计算出样品的毒素含量。该试剂盒对 CFP 的最低检出限可达 0.1ppb，现在正在接受 AOAC 的检测认证。该方法存在的主要问题是：一方面是用于校正的标准西加毒素难以获得；另一方面是西加毒素抗体与其他聚醚化合物的交叉反应，导致检测结果出现正误差的问题尚未得到解决；还有世界上不同地区的西加毒素的结构有所差异，出现负误差难以避免。Garthwaite 等人建立了一组分析 PSP、DSP、ASP 和 NSP 的酶联免疫分析法，发现使用乙醇提取可以得到很好的回收率[22]。

总而言之，免疫分析法测试海洋生物毒素得到国内外学者的广泛研究，所建立的方法一般都比相应的小鼠生物测试法更灵敏一些，但对于生物基质成分较多的毒素，交叉反应的干扰则难以避免，导致实验结果的重现性较差。

三、受体结合检测法

PSP 毒素的放射受体分析法，其主要原理是：将大鼠大脑细胞膜上的 Na^+ 通道受体固定在微滴板表面，通过待测样品和 H 同位素-氚标记的标准 STX（3H - STX）与受体的竞争性结合原理，来测定样品中 PSP 毒素的毒性大小。该方法对 PSP 毒素的敏感度极高，检出限可以达到 4ng STXeq. /mL。

由 Van Dolah 等人建立了竞争性神经受体分析测试 DA 毒素的方法，该方法非常灵敏，具有高度专一性[23]，已运用于分析贝类和藻样的提取物。其原理主要是以青蛙的脑突触体作为受体，将用红藻氨酸放射标记的 DA 结合在谷氨酸神经递质上，观察神经细胞流的情况。后来有人改用克隆的大鼠谷氨酸作为受体，目的是消除贝组织中谷氨酸的干扰。

放射受体分析法测试毒素的方法虽然检测灵敏度非常高，但实验中使用的放射同位素会对实验人员以及周围环境造成不可预测的影响，所以这一方法具有很大的争议，不能推广使用。

四、细胞毒性/细胞培养检测法

细胞毒性测试法也叫组织培养分析法，对 PSP 毒素分析测试的原理是利用箭毒和藜芦定对神经母细胞瘤 Na^+ 通道具有协同开放作用，可增加 Na^+ 向细胞内的流动，从而使细胞内外渗透压的发生改变，使细胞形态肿胀甚至细胞裂解死亡。PSP 毒素作为 Na^+ 通道阻断剂对这种细胞肿胀起拮抗作用，并且拮抗程度与毒素的剂量密切相关。Jellett 等人应用这一原理建立了测试 PSP 的方法[24]，主要原理是将已分离的小脑神经细胞悬浮于培养基中培养，该细胞一旦分化，依赖 Na^+ 通道就能够表达对 PSP 敏感的电压。用藜芦定处理，在培养基中分别加入不同浓度的 PSP 提取液或不同稀释度的标准毒素，培养 24h 后，用荧光剂处理细胞。在荧光灯下，可以观察到细胞颜色，绿色的神经细胞是活细胞，而死亡细胞的核呈现红色。再根据活细胞占总细胞的百分率计算样品中的 PSP 毒素含量，该方法的最低检出限约为 40μgSTX/100g 组织。Jellett Biotek Ltd. 公司发明的用于 PSP 检测的神经细胞生物分析装置已经上市，并且有人已经使用该装置分析贝类中的 PSP，得到了很好的结果。该装置的最低检出限为 2μg STXeq. /100g 贝肉，灵敏度远远高于小鼠生物测试法。但由于其具有组织培养期较长，成本相对较高的缺点，并未得到普遍推广。

细胞毒性测试法分析 DSP 的原理：受试细胞主要是鼠肝细胞、肾细胞或鼠白血病细胞，加入一定量的 OA 标准毒素或样品提取物，在 37°C，95%空气和 5%二氧化碳条件下接触 24h，之后加入 0.5%MTT，反应 4h 后，倒掉 MTT 溶液，加入少许的异丙醇（已酸化），静置 30min 后，使用酶标仪在 540nm 处读数。

细胞毒性测试法分析 NSP 的原理主要是：用 Na^+ 通道位点 2 的激活剂 —藜芦定和专一抑制 Na^+/K^+ - ATP 酶—乌本箭毒培养细胞，增强细胞对短裸甲藻毒素的敏感性。然后在细胞中加入毒素，通过分析 MTT 化合物代谢物为甲基蓝的情况来反映细胞线粒体脱氢酶的活性，以此来建立一个毒素剂量-反应的标准曲线，定量地分析样品中的毒素含量。该方法同样适用于 CFP 的分析，方法的原理是相同的。

五、化学分析法

1. 气相色谱分析

气相色谱法可以对挥发性的生物毒素直接进行分析，对于 PSP 这类极性强不易挥发的物质不能够直接用来分析，实验室内气相色谱法分析生物毒素的实际应用不多。对 DSP 毒素的分析，用二乙基醚提取，然后用硅酸、渗透凝胶和反相分散色谱纯化样品，三甲基硅烷化后用氢焰离子化检测器进行分析[25]。DA 毒素衍生后得到的衍生物的挥发性增加，可以用气相色谱法分析。

2. 薄层色谱分析

薄层色谱法（thin layer chromato graphy，TLC）已广泛用于食品分析检测领域，其原理是将固定相涂布在平板（玻璃板、铝箔等）上，点样后用合适的流动相进行洗脱，不同组分的混合毒素将在平板上按极性大小分离开来。在检测 PSP 毒素时，一般使用硅胶作固定相，以丁醇-醋酸-水或者嘧啶-乙酸乙酯-醋酸-水等溶剂系统作为流动相，显色时氧化剂一般使用 H_2O_2、KOH、Waber 试剂、Fast blue B 试剂。Shoptaugh

等人发现 H_2O_2 和 KOH 可使 STX 和 GTX2/3 产生荧光，便于检测[26]。

薄层色谱分析 DSP 毒素主要是使用硅胶平板，点样后用甲苯-丙酮-甲醇混合溶液洗脱，然后向平板喷洒含有香草醛的硫酸-乙醇混合溶液，在室温下放置几分钟后，OA、DTXs 和二醇酯衍生物均可显色为粉红色，其中 OA 和 DTXs 毒素的显色较亮，二醇酯的显色稍暗。该方法对纯化后的 OA 毒素的检出限约为 1μg，与其他方法相比该检出限相对较高。

薄层色谱分析 ASP 毒素一般使用硅胶平板，点样后用 1%的水合茚三酮显色，DA 和氨基酸可显色为黄色，使用强阴离子交换固相萃取技术纯化后的样品可以直接用薄层色谱进行分析检测，该方法对贝组织中 DA 的检出限约为 10μg/g。也可以以香草醛溶液作为显色剂，DA 显色为黄色。薄层色谱分析对海洋生物毒素的检测因检出限过高、无法准确定量等缺点的限制，不能被广泛使用。

3. 毛细管电泳分析

毛细管电泳（capillary electrophoresis，CE）是一种近些年来发展起来并逐渐成熟、相对较新的技术，在生物毒素的分析方面有很大的应用前景。该方法是主要使用很细的熔硅材质的毛细管）代替了常规的电泳凝胶，在测试前向毛细管中只需加入几 nL 的样品，然后给毛细管加高电压，样品就会沿着毛细管迁移，在迁移过程中不同组分的毒素逐渐得到分离，之后经荧光或紫外检测池时进行检测。这一技术不仅大大地扩大了分析对象的应用范围，而且对没有净电荷的物质亦可以进行检测。

Wright 等人利用 CE 系统和荧光检测器建立了分析 STX 毒素的方法，检测限达 1μg/kg[27]。但该系统需要先对毒素衍生再进行检测，仪器也非常昂贵。Thibault 等人利用 CE 系统和紫外检测器建立了分析 neoSTX 和 STX 毒素的方法，但其检出限太高[28]，缺点是：目前而言该系统只能用于对天然产物的初扫描。

4. 液相色谱分析

液相色谱法（liquid chromatography，LC）是海洋生物毒素的化学检测方法中最重要的检测方法之一，也是常用的定性和定量分析技术。该方法在 20 世纪 90 年代使用于 PSP 分析技术研究领域。在过去的十余年中研究者建立了 LC 检测 PSP 毒素的常规方法，并逐步完善。Sullivan 在 1988 年使用离子交换色谱和柱后衍生建立了分析 PSP 的方法，分析了 12 种氨甲酰基和磺化氨甲酰基 PSP 毒素。但该方法对 STX 和 dc-STX 毒素的分辨率很低，不适合推广使用。Thielert 等以离子对试剂和切换洗脱液的方法来提高脱氨甲酰基毒素的分辨率。随着柱后衍生系统的使用解决了峰扩展的问题，有研究者提出使用柱前衍生的方法，但分辨 PSP 毒素中的某些手性异构体问题尚未解决。Oshima 等人使用三次等梯度洗脱和柱后衍生的方法能够分析绝大多数的 PSP 毒素[29]。由于 PSP 毒素缺少荧光基团，且不同的毒素在不同衍生条件下获得产物的比率不同，不同产物的荧光信号强度也有较大的差别，因此在分析时需要有毒素标准品才可以准确进行定性和定量分析。

LC分析DSP毒素的方法被广泛使用，对贝组织中OA的最低检出限为100ng/g，对消化腺中OA的检出限为（10～20）ng/g。最常用方法是用甲醇、醚和氯仿逐步提取，然后用Sep-pak柱纯化，之后9-蒽基叠氮甲烷（ADAM）衍生，用配有荧光检测器的液相色谱检测。该方法对OA的灵敏度很高，但容易受到样品基质的干扰。因为ADAM在常温下极不稳定，必须于－80℃条件下储存，所以许多研究者尝试使用其他的衍生剂，例如1-芘基叠氮甲烷和1-溴乙基芘也可以替代ADAM成功地用作衍生剂。此外，有研究者以4-溴甲基-7-甲氧基香豆素（BrMMC）作为衍生剂，也得到了不错的分析结果。总之，LC分析DSP毒素方法改进的关键在于纯化贝类样品和选择毒素衍生条件。

LC分析DA毒素最早使用的是C18反相色谱柱和酸性流动相，在242nm处用紫外检测器检测DA。该方法能够检测贝类初提液中DA的最低限约为1μg/g，远低于人们对DA的管理控制标准（20μg/g），并且已经被AOAC实验室验证。但样品的初提液中含有的色氨酸，严重干扰DA的分析检测，常常造成假阳性结果。之后研究者对LC-UV分析DA的方法进行了改进，提取毒素用甲醇水溶液，通过强阴离子交换固相萃取技术（SAX-SPE）纯化样品，贝类样品中DA的回收率得到极大提高。Hummert等人使用柱切换系统和紫外检测器分析初提液中的DA，避免了样品的纯化过程[30]。还有人使用衍生剂进行衍生化反应，将给DA带上荧光基团，用荧光检测器检测，但效果都不是很理想，所以这些方法没有被广泛使用。

LC分析CFP方法是：样品提取液柱前经衍生处理后用荧光检测器进行检测，毒素常用的衍生剂是香豆素和1-蒽基腈。

LC分析TTX方法的研究最早是在1976年。人们发现在强碱条件下TTX可以降解并生成具有荧光基团的物质。同时，有研究者建立了HPLC分析TTX和PSP的方法，利用O-苯二醛作为荧光剂，以硼酸缓冲液为洗脱溶液。之后，有人利用强碱NaOH进行柱后衍生，以七氟丁酸或离子对试剂进行洗脱，建立了HPLC-FLD分析TTX的方法，该方法对TTX的检出限为4.4ng。该方法历经多次调整和改进，对TTX标准品的检出限可低达0.4pmol（$S/N=2$）。但由于TTX各种衍生物之间的荧光信号强度有很大差异，很大程度上限制对这些衍生物的检测。如5-deoxyTTX和11-deoxyTTX的荧光信号分别约为TTX的1/20和1/100，不过，仍然有人用此法对海螺、章鱼等生物样本中TTX进行分析。当使用该方法分析鱼、贝类这些生物基质非常复杂的样品时，必须对样品进行纯化，尽量避免因其干扰物质太多导致的误差。

5. 液相色谱-质谱联用分析

色谱联用以一个合适的方式，将用于定性分析的质谱和用于分离的色谱联接，充分发挥色谱的分离和质谱的定性优势，达到对样品很好地定性和定量分析的目的。随着电喷雾电离和大气压化学电离接口技术的逐渐成熟，液相色谱-质谱联用技术迅速发展受到人们的重视和关注，尤其是色谱联用在海洋生物毒素分析方面的应用取得突破性进展。

（1）液-质联用的意义

分离是色谱的优势，色谱为混合物的分离提供了最有效的技术支持，但不能确定物质的结构信息，主要借助与标准物对比来判断未知物，对无紫外吸收化合物的分析还必须凭借其他手段。质谱具有能够提供物质的结构信息，用样量少的优点，但样品必须进行纯化，纯化到一定程度才可以直接进行分析和检测。据统计，约 80%的已知化合物是亲水性强、挥发性低的有机物，热不稳定化合物及生物大分子，气相色谱不能直接分析这些化合物，只能依靠液相色谱。若能成功地将液相与质谱联用，这一技术将在生物、医药、化工和环境等领域有巨大的应用前景。因此，将色谱与质谱联接起来扬长避短一直是人们所期望的。关键在于需要一个合适的装置将液相与质谱联接起来。这个装置必须要解决三个主要的问题：①液相色谱中管道使用的流速较大，而质谱则需要一个高真空环境工作；②从流动相中如何提供足够的离子供质谱分析；③怎样处理流动相中杂质对质谱可能造成的污染。

（2）“接口”技术的发展历程

早在 20 世纪 70 年代，有人就开始致力于液-质联用接口技术装置的研究工作。最初的 20 年都处于缓慢的发展阶段，研究者研制出了很多种联用接口装置，但最终都没有商业化生产。直到大气压离子化接口技术的诞生，液-质联用以此为契机迅猛发展，广泛应用于实验室内分析和相关分析检测领域。液-质联用接口技术研究三个分支：①流动相进入质谱直接离子化，形成了连续流动快原子轰击技术等；②流动相雾化后除去溶剂，分析物蒸发后再离子化，形成了“传送带式”接口和离子束接口等；③流动相雾化后形成的小液滴解溶剂化，气相离子化或者离子蒸发后再离子化，形成了热喷雾接口、大气压化学离子化和电喷雾离子化技术等。有关液相质谱的接口技术和 LC-MS 技术的发展，Niessen 曾经进行了较为详细的综述[31,32]。

（3）液体直接导入接口

1972 年，有人提出了将色谱柱出口直接导入质谱的建议，之后有许多研究组开展这方面的研究，在 1980 年这种液质接口已经商业化大量生产。为了解决非挥发溶剂的污染问题，Melera 对该技术进行了改进，使用一个小的横隔膜，形成了液体直接导入接口技术。原理是液相色谱的流动相沿着进样杆流动，通过一个直径为（3～5）μm 的针孔，将液体射入质谱计的 CI 离子源中。

液体直接导入接口的优点是：接口设计简便，价格低廉，将非挥发性和热不稳定性的化合物温和地转化成气态，凭借一个针孔，将液体射入质谱计的 CI 离子源中，形成了 CI 条件，便可得到相对分子质量信息；采用传统的 CI 离子源就可以很容易地把色谱与质谱计相连或脱开。但由于分流过程中需要减少大量的流动相，会导致隔膜经常堵塞。

（4）连续流动快原子轰击

1985 和 1986 年，快原子轰击和连续流动快原子轰击接口技术相继问世，为联用技术带来福音。快原子轰击原理是用加速的中性原子（快原子）去撞击用甘油调和后涂在金属表面的有机物（“靶面”），引起这些有机化合物的电离。分析物受到中性原子的撞击后获取足够的动能，以离子或中性分子的形式由靶面逸出，进入气相，产生的离子一般都是准分子离子。甘油的浓度在 2%～5%之间，比静态的 FAB 使用的甘油量少，且测定过程中“靶面”不断更新，其化学物理性质变化很小，同时经色谱分离后的共存物质不会同时出现在“靶面”上，因此极大地降低了噪声，使信噪比得到提高，定量分析的重现性也得到较好改善。

连续流动快原子轰击的优点：适用于分析热不稳定、难以气化的化合物，尤其是对肽类和蛋白质。缺点是：①只能在小于 5μl/min 流量下工作，大大限制了液相色谱柱的分离效果；②流动相中使用的甘油会使离子源很快变脏，同时容易导致毛细管堵塞；③混合物样品中共存物质的干扰也会抑制分析物的离子化，使灵敏度降低。

（5）“传送带式”接口

1977 年，世界上第一台使用传送带式技术商业化生产的液-质联用接口面世，使用传送带式技术是由 MacFadden 等人在前人研制的传送线式接口技术的基础上改进而来的。该接口是传送带不停地将液相的流动相送入质谱离子源，传送带可根据流动相的组成不同进行调整。在传送过程中，样品通过两个不同的泵和真空阀在减压条件下加热闪蒸解离以除去流动相，之后进入离子源，可以连接 EI、CI 或 FAB。当分析未知化合物时，可连接 EI 分析，获得的谱图可以在质谱数据库检索。分析大分子生物样品时，多选用 FAB。在 CI 条件下，只有样品与 CI 等离子体完全接触的状态下才可获得最佳结果。

传送带式接口的优点是：①对挥发性溶剂的传送能力高达 1.5mL/min，对纯水会减少至 0.5mL/min；②当喷射装置与传送带表面呈 45°夹角时，色谱积分曲线可以得到改善；③非挥发性缓冲液可以在传送带上去除；④对样品都有较高收集率和富集率。缺点是：传送带的记忆效应不易消除，检测信号的背景值较高，只能分析热稳定性好的化合物。

（6）离子束接口

离子束接口是由单分散气溶胶界面发展来的。该接口是在常压下将液相色谱的流动相气动雾化形成气溶胶，之后气溶胶扩展进入去溶剂室，待测分子通过一个动量分离器与溶剂分离，经一根加热的传送管送入质谱。分析物粒子在离子源与热源室的内壁碰撞而分解，溶剂蒸发后释放出气态待测分子即可进行离子化。

离子束接口的优点是：分析范围比热喷雾接口更广，适用于不同的流动相和不同的分析物质；适用于分析非极性或中等极性，相对分子质量小于 1000 的化合物。其缺点是：①灵敏度变化范围大，线性响应的浓度范围较小，②两种化合物的协同洗脱会对响应产生不可预测的效应，③高速氦气造价太高，④离子化手段仍然是电子轰击，对热不稳定的化合物不适用。

（7）热喷雾接口

热喷雾接口是 20 世纪 70 年代中期美国休斯顿大学实验室立项研究的，目的在于解决液相和质谱之间传送 1mL/min 流速水溶液流动相的难题，该接口是将液相色谱的流动相通过一根电阻式加热内径约 0.1mm 毛细管送入加热的离子室，可使用 EI 和 CI 两种离子化源。最初的设计非常复杂，直到 1987 年之后的五年内才得到迅猛的发展。毛细管的温度调节到溶剂部分蒸发的程度，形成蒸汽超声喷射，喷射物中含有夹带荷电小液滴的雾状物（水溶剂存在的情况下）。因为离子室是加热的，并且前级真空泵已经预抽真空，所以当液滴经过离子源时继续蒸发变小，最终成为自由离子而从液滴表面释放出去，通过取样锥内的小孔离开热喷雾离子源，这样就有效地增加了荷电液滴的电场梯度。

热喷雾接口的优点是：减少进入质谱的溶剂量，对不挥发的分析物分子也可电离，可以接受的溶剂流量大致范围为（0.5~2.5）mL/min。缺点是：①该接口技术的重现性较差，受溶剂组分、取样杆温度及离子源温度的影响；②是一种软电离技术，谱图中只有分子离子峰，碎片非常少；③要求分析物有一定的极性，流动相中要有一定量的水，对热稳定性差的化合物有明显的分解作用，禁止存在不挥发性缓冲溶液。

（8）电喷雾离子化技术

电喷雾（ESI）技术是起源于 20 世纪 60 年代末的一种质谱进样方法，直到1984 年人们才对这一技术的研究取得了突破性进展。1985 年，电喷雾进样与大气压离子源成功连接。1987 年，Bruins 等人改进了空气压辅助电喷雾接口，解决了流量限制问题的带有 API 源的液-质联用仪问世。电喷雾离子化蛋白质的多电荷离子在四极杆仪器上分析大分子蛋白质，促使其大发展。ESI 大大拓宽了分析化合物的相对分子质量范围。

ESI 源主要由五部分组成：①流动相导入装置；②真正的大气压离子化区域，通过大气压离子化产生离子；③离子取样孔；④大气压到真空的界面；⑤离子光学系统，该区域的离子随后进入质量分析器。在 ESI 中，分析物分子在带电液滴的情况不断收缩喷射出来的形成离子，即离子化过程是在液态下完成的。液相色谱的流动相流入离子源，在氮气流中汽化，之后进入强电场区域，小液滴样品在强电场形成的库仑力下离子化，离子表面的液体凭借逆流加热的氮气分子进一步蒸发，使分子离子相互排斥继而形成微小分子离子颗粒。分子中酸性或碱性基团的体积和数量决定了离子是单电荷或多电荷。

电喷雾离子化技术的突出优点是：离子化效率高；离子化模式多，正负离子模式都可解析；对蛋白质的分析相对分子质量测定范围高达 105 以上；对热不稳定化合物能够产生高峰度的分子离子峰；可与大流量的液相联机使用；通过调节离子源电压可以控制离子的断裂，给出明确的结构信息。

（9）大气压化学离子化技术

20 世纪 70 年代初 Horning 等人发明的大气压化学离子化（APCI）技术直到 80 年代末才得到真正意义的发展，与 ESI 源的发展基本上是同步的。APCI 技术与传统的化学电离接口不同，它完成离子化过程是借助于电晕放电启动一系列气相反应，因此也称为放电电离或等离子电离。原理是液相色谱流出的流动相进入具有雾化气套管的毛细管，氮气流将其雾化，在加热管中被汽化。在大气压条件下，在加热管端进行电晕尖端放电，溶剂分子被电离，充当反应气，与样品气态分子碰撞，经过复杂的物理化学反应后形成准分子离子，经筛选狭缝进入质谱仪。

APCI 的优点是：①形成的都是单电荷的准分子离子；②ESI 过程中不会发生因形成多电荷离子而出现信号重叠、降低图谱清晰度的问题；③适用于高流量的梯度洗脱的流动相；④采用电晕放电使流动相进行离子化，极大增加离子与样品分子的碰撞频率，比化学电离的灵敏度高出 3 个数量级。

（10）质谱仪器的发展

伴随着液-质联用接口技术的繁荣发展，质谱仪器本身也在不断发展，出现了各种不同类型的质谱检测器。比较常用的质谱仪器类型有：四极杆质谱仪、四极杆离子阱质谱仪、飞行时间质谱仪和离子回旋共振质谱仪等。

（a）四极杆质谱分析仪

进行常规的和高通量的生物分析，三级四极杆质谱仪的选择反应监测模式仍是最实用的。四极杆工艺的改进和强稳定性的射频（RF）大大增强了质谱的分辨率，分辨质量的宽达 0.1u，拓宽了分析化合物的选择性范围。由三级四极杆质谱中碰撞池改进而来的高压线形加速碰撞池，不仅增强了对传送离子的能力、降低了物质间的干扰，还极大地提高了多组分生物化合物的分析能力。在目前所有的质谱分析仪中，四极杆质谱仪的定量分析结果的准确度和精密度仍是最好的。

（b）四极杆离子阱质谱分析仪

三维的四极杆离子阱主要在阐明化合物的结构方面得到广泛的应用。主要创新研究有基质辅助激光解吸离子化源、大气压基质辅助激光解吸离子化源、红外多光子光离解技术等，以及使用离子阱分析碱性加合离子与金属配位产物的研究。近几年来，线形二维离子阱的生产研究，取得了突破性的进展。线形二维离子阱突出优点：对化合物做多级质谱分析；积累更多的离子，在与线形加速碰撞池离子化源连接后，可大大提高灵敏度；可避免小相对分子质量碎片的干扰，得到更整洁、美观的色谱峰。

（c）飞行时间质谱分析仪

得益于基质辅助激光解吸离子化技术的出现和计算机的快速发展，飞行时间质谱仪在 20 世纪 90 年代得到迅猛发展，最好的飞行时间质谱分析仪分辨率能够达到 20000u，测得分子的质量和准确度都非常高。飞行时间质谱仪在很大程度上取代了高分辨双聚焦磁扇分析仪，但由于它不能有效地利用选择离子监测模式分析，因此在高分辨质谱的选择离子监测模式分析中仍主要使用双聚焦质谱仪。为了达到使用分辨率高的质谱分析化合物的二级质谱图目的，研究者尝试将飞行时间质谱与其他仪器使用，目前四极杆-飞行时间串联质谱仪使用比较多，质谱串联可以帮助研究者更准确地了解化合物裂解后离子碎片的质量。

（d）傅里叶变换离子回旋共振分析仪

多年以来，傅里叶变换离子回旋共振质谱在气相离子-分子反应的基础研究中做出了杰出贡献。该质谱与 ESI 离子源联接后，充分发挥两者高分辨率和准确度的优势，被广泛地应用于生物大分子的研究。基于傅里叶变换离子回旋共振池内离子的四极激发，该质谱对累积非共价键复杂化合物的离子具有选择性，能够分析分子质量非常大的生物大分子化合物，例如分析大肠杆菌噬菌体的 T4 DNA，其分子质量高达 10^8u。该质谱仪可以通过射频脉冲来消除其他离子的干扰，对目标离子具有选择性，还能够进行多级质谱分析。目前又有许多新的离子裂解方法如碰撞诱导裂解、激光致光裂解或红外多光子光裂解、表面诱导裂解、黑体红外辐射裂解、电子捕获裂解等应用到傅里叶变换离子回旋共振质谱仪，将进一步提高这种质谱仪分析的性能。总之，液-质联用分析技术的发展关键在于液-质联用接口技术和质谱分析仪技术的共同发展，通过合适的装置将液相色谱与质谱仪联接，创造特殊分析性能的液-质联用仪器，既可以弥补各种质谱仪的不足，达到取长补短、携手共赢的效果。

（11）液-质联用技术在海洋生物毒素检测方面的应用

1984 年，电喷雾离子化源（ESI）的问世使得液-质联用的发展取得巨大的进展，在液-质联用发展史上有里程碑意义。1989 年，SCIEX 公司生产的第一台商用 LC-ESI-MS 联用质谱仪首次成功运用于海洋生物毒素分析。液-质联用技术的高灵敏度和选择性使得其成为海洋生物毒素分析领域的首选方法，成为科研工作者关注的焦点[33]。在国外，使用 LC-MS 分析海洋生物毒素已有诸多的报道，并建立了相应的分析方法。

对于 TTX 的分析，Nagashima 等人建立了 TLC-FAB-MS 分析 TTX 的方法，对 TTX 的检出限约为 0.3nmol[34]，Pleasance 等人建立了 LC-ISP-MS 分析 TTX 的方法，能够分离 TTX 与 STX 混合物[35]，Hashimoto 等人使用 LC-FAB-MS 系统成功分析了 TTX 的五个衍生物[36]。在 ESI 源问世后，Shoji 等人建立了 LC-ESI-MS 分析 TTX 及其衍生物的方法，SIM 模式分析 TTX 的检出限为 0.7pmol（$S/N=2$），并使用 LC-MS/MS 系统获得了 TTX 及衍生物的化学结构信息[37]。Tanu 等人使用 LC-ESI-TOF/MS 系统在孟加拉树蛙体内发现了 TTX[38]。Horie 等人使用阳离子交换色谱柱和 LC-ESI-MSD 系统分析了河豚鱼体内的 TTX 及其衍生物，对河豚鱼体内 TTX 的检出限约为 0.1μg/g[39]。随着 LC-MS 系统的使用，人们在短头蟾体内检测到 11-oxoTTX 衍生物，及与 TTX 具有相似结构的两种化合物，相对分子质量分别为 329 和 347，怀疑是新的 TTX 衍生物[40,41]。除此之外，人们还使用 LC-MS 系统分析了蝾螈、纽虫、海螺、蟹类等生物体内的 TTX 成分[42~46]。早在 20 世纪 80 年代末就有人报道使用离子喷射接口的 LC-MS 分析 STX 毒素[47]。Pleasance 等人使用 LC-MS 和 CE-MS 检测从甲藻中分离纯化的 STX 毒素，使用串联质谱分析了其结构信息，对其检出限约为 10pg[35]。Quilliam 等人使用 LC-MS 对 PSP 高碘酸氧化后的产物进行了结构分析，发现使用柱前衍生的 LC-MS 分析 PSP 的检出限太高，不适于痕量分析[48]。Jaim 等人使用离子交换色谱与电喷雾离子化质谱联用探索了定量分析 PSP 的方法，对 PSP 各毒素的检出限与离子对色谱分析的结果相近[49]。Quilliam 等人使用 HILIC-ESI-MS 分析了 PSP，得到了很好的分析结果[50]。后来又有人使用 LC-MS 分析了 PSP 在贝类中的积累情况，但没有给出定量的结果[51]。目前，使用亲水性的氨基酸色谱柱 TSK - gel Amide80 建立的 HILIC - ESI - MS 系统能够一次同步分析 PSP 中的所有衍生物，SIM 和 SRM 模式检测 PSP 的检出限分别为 50～1000nmol/L 和5～30nmol/L[52]。由于 PSP 的毒素极性强、成分复杂，异构体化合物较多，对色谱分离条件要求苛刻，因此在这方面的应用分析发展比较缓慢。

对于 DSP 的分析，Hallegraeff 等人报道了 LC - ESI - MS 分析 DTX1、DTX3 和 OA 二醇酯化合物的结果，对贝组织中毒素的检出限约为 1ng/g[53]。后来，该方法得到不断完善，并发现使用阴离子模式检测比阳离子模式更有效[54,50]。对于消除生物基质干扰的研究发现，可采用氧化铝 B 柱[54]（或排阻色谱柱[55]）纯化样品，也可以通过改变提取溶剂和分散剂来消除[56]。此外，研究发现使用标准添加法可以观察生物基质对信号的抑制情况并可以通过两步分析计算消除这种影响[57]。有人使用 LC - MS[58] 或 LC - MS/MS[59] 系统同步分析藻或贝类样品中的 DSP 及 HSP 毒素，得到很好的分析结果。后来，有人组织了八个实验室使用不同的 LC - MS 系统对含有 DSP 和 ASP 的贝类样品进行分析，大多数实验室都能够检测到毒素，但发现对毒素的定量结果有差异，尤其是缺少标准品的毒素成分[60]。因此，对 LC - MS 定量分析 DSP 的方法还有待于进一步改进和实验室之间的比较研究。

对于 ASP 的分析，最初是使用 FAB - MS 定性分析 DA[27,61]，后来有人使用 GC - MS 系统分析贝类中的 DA，需要较繁琐的样品纯化步骤以适于使用 N -三氟乙酸基- O -甲硅烷基衍生物[62]，Hadley 等人对其进行了改进，使用 N -甲酸基- O -甲基衍生物[63]。自从人们广泛应用 LC - UV 分析 DA 以后，出现了许多不同接口技术的 LC - MS 系统，如 LC - CFFAB - MS、LC - TSP - MS、LC - APCI - MS 和 LC - ESI - MS 等，发现 ESI 源最适合分析 DA 毒素[64]。在纯化样品方面，人们发现使用强阴离子交换柱处理贝类样品，可以有效消除生物基质的干扰，用于 LC - UV 或 LC - MS 分析[65]。但也有人认为使用该方法不能提高蟹样品中 DA 毒素的回收率[66]，甚至有人认为使用简单步骤纯化的样品分析也没有观察到基质的抑制效应[67]。Furey 等人使用离子阱质谱定性和定量分析 DA 得到了非常理想的质谱图，同时发现 1～3 级质谱定量检测 DA 均可以获得非常好的线性关系，4 和 5 级质谱定量分析的线性关系较差[67]。

对于 NSP 的分析，Hua 等人使用反相色谱-电喷雾离子化质谱联用成功分析了赤潮藻中的 NSP，对 PbTx - 9、PbTx - 2 和 PbTx - 1 的检出限分别为 600fmol、1pmol 和 50fmol，同时发现了 6 种未知的化合物，通过质谱信息分析怀疑是 PbTx - 9 的衍生物[68]。用此方法在采集自佛罗里达萨拉索塔湾的赤潮藻中检测到 PbTx - 1、PbTx - 2 和 PbTx - 3 毒素，其含量分别为 10、60 和 5.7μg/L[69]。Quilliam 等人建立了离子喷射 LC - MS 分析 NSP 的方法，使用选择离子监测模式的检出限约为 10pg，在短凯伦藻中检测到 NSP 的一些含量较低的新型异构体化合物，后来又应用于贝类样品中代谢物的检测方面[70]。Lewis 等人使用反相液相色谱-串联质谱（LC/MS/MS）分析鱼组织内的 NSP，对 PbTx - 2 的检出限为 0.2ng/g[71]。后来有人使用 LC - APCI - MS 系统分析了采自该海域的贝类样品，并检测到 PbTx－3 毒素，怀疑是由 PbTx－2 在贝类体内代谢产生的[72]。Plakas 课题组使用 LC－ESI－MS 和 LC－ESI－MS/MS 系统分析了用 PbTx－2 和 PbTx－3 标准毒素染毒后的牡蛎 Crassostrea virginica 体内的代谢产物，发现 PbTx－3 毒素在牡蛎体内大量积累，而 PbTx－2 毒素积累后很快被降解，生成 PbTx－3 和其他的代谢产物，主要是半胱氨酸- PbTx 及其硫氧化合物、氨基乙酸-半胱氨酸- PbTx、谷胱甘肽- PbTx 和 γ -谷氨酰基-半胱氨酸- PbTx[73,74]。Nozawa 等人使用 LC－ESI－MS/MS 系统分析了三种贝体内的 NSP，发现在 Austrovenus stutchburyi、Crassostrea gigas 和 Perna canaliculu 体内均含有 PbTx－3 毒素，除 Crassostrea gigas 之外，另外两种贝还含 BTX－B1 毒素[75]。

对于 CFP 的分析，Lewis 和 Jones 建立了梯度洗脱的 LC－MS 分析鱼体内 CFP 的方法，对 P－CTX－1 的检测具有高的灵敏度和选择性[76]。后来 Lewis 等人使用 LC－ESI－MS/MS 系统分析鱼体内的 CFP，对 P－CTX－1 和 C－CTX－1 的检出限分别为 40ng/kg 和 100ng/kg[71]。Hamilton 等人使用 LC－ESI－MS/MS 系统分析了印度洋珊瑚礁鱼体内的 CFP，发现这种毒素的化学结构与 P－CTX－1 和 C－CTX－1 不完全相同，是一种新的毒素，称为印度洋西加鱼毒素（I－CTX）[77]。Pottier 等人用 LC－MS 系统分析了梭鱼 Sphyraena barracuda 体内的毒性成分，发现 90％的毒性是由 C－CTX 产生的，另外还有一些具有急性毒性作用的羟基聚醚化合物[78]。

对于 AZP 的分析，最早使用 LC－MS 定量分析 AZP 毒素的方法是由 Ofuji 等人建立的，方法的稳定性较差[79]。Lehane 等人使用 LC－ESI－MSD 系统建立了分析 AZA1－5 的方法，发现 LC－MS3 的方法检出限最低，约为（5～40）pg，在（0.05～1.00）μg/mL 浓度范围内分析 AZA1 的浓度与信号强度之间相关性显著，R_2＝0.9974[80]，后来又在贻贝 Mytilus edulis 体内检测到 AZA 的另外 5 种衍生物[81]；James 等人使用该方法分析了引起欧洲中毒的贻贝 Mytilus edulis 体内的 AZP 毒素，发现 AZA1 是贝体内的主要毒素成分，毒素组成与爱尔兰养殖的有毒贻贝相似[82]；另外在甲藻 Protoperidiniumsp. 中发现 AZA1－3 是其主要的毒素成分，总的 AZAs 毒素含量约为 1.8fmol/cell，其中 AZA1 约占总量的 82％[83]。除此之外，还有一些这方面的报道，检测贝组织内 AZP 的检出限约为 20ng/g[84～87]。对其他毒素的分析，如 YTX 毒素[88～90]、PTX 毒素[91～97]，人们也使用 LC－MS 系统做了许多工作，建立起了相应的分析方法并获得了较理想的结果。在新型海洋生物毒素的发现、结构鉴定和常规分析方面，LC－MS 发挥着非常重要的作用。随着 LC－MS 技术的发展和分析水平的提高，越来越多的新型海洋生物毒素被人们发现，对保障水产品食用安全和水产养殖业的健康发展具有非常重要的意义。

第六节　水产品海洋生物毒素的卫生控制

近期，许多发达国家或组织［欧盟、美国、加拿大和国际食品法典委员会（CAC）

等]针对海洋生物毒素相继出台了一系列的法律法规，主要是检测方法、限量标准和风险评估等 3 个方面。

欧盟（EC）No. 2074/2005 法规的补充条款建议分析 LPs 液质联用方法将完全取代小鼠法的常规检测，这条补充条款虽然给予发展中国家 3 年的缓冲期，但仍给发展中国家带来极大的冲击。世界水产与水产加工品专业委员会（the Codex Committee on Fish and Fishery Products，CCFFP）也制定了《鲜活贝类中生物毒素标准分析方法草案》，提出了类似的建议，并在第 30、31 届 CCFFP 工作会议经过了多轮讨论和磋商。虽然在发展中国家的压力下，美国提出了小鼠生物法和液质联用法并存的方案，并于 2012 年 10 月 1～5 日在 32 届 CCFFP 会议上进行讨论，但因为 MBA 方法并未被列入海洋生物毒素检测方法执行准则，所以这一提议能否通过还是未知数。

限量标准方面，现行鲜活全贝中的限量标准 OA、PTX、AZA 和 DTX 毒素组均为 160μg/kg，YTX 限量标准为 1000μg/kg，SPX 等环亚胺类毒素还没有限定标准。但因为这些标准的制定缺乏充足的毒理学数据支持，甚至部分毒素的资料完全缺乏。所以，欧盟食品安全局（European Food Safety Authority，EFSA）在新的毒理学数据基础上，对这些毒素的限量标准进行了重新评估并且建议将现有脂溶性贝类毒素的限量标准修订为 OA 和 DTX 为 45μg/kg，AZA 为 30μg/kg，PTX 为 120μg/kg，YTX 为 3750μg/kg[98,101]。国际组织及部分国家水产品中 LPs 限量规定见表 1－2。

需要特别指出的是，欧盟和 CAC 都特别强调，在选择潜在的分析方法和限量标准之前，相应国家应对该类毒素在相关海域的潜在危害进行充分风险评估，包括产生毒素的藻种，该海域贝类（最小程度）或资源生物（尽其所能）中的毒素种类，所影响到的双壳类种类以及毒素对人类健康危害的机制，强调了生物毒素的风险评估等有关基础研究的重要性[102]。

表 1－2 国际组织及部分国家水产品中 LPs 限量规定 μg/kg

毒素种类	中国	国际食品法典委员会	欧盟	加拿大	澳大利亚/新西兰	日本
OA	不得检出	0.16（OA eq）	0.16（OA eq）	20	20（OA）	200，2000（扇贝中肠腺）
	NY5073—2006				40（DSP）（肝胰腺）	1200（紫贻贝中肠腺）
AZA	未规定	0.16 eq（AZA1－3 总量）	0.16 AZA eq	0.16 AZA eq		

表 1-2（续）

<table>
<tr><th>毒素种类</th><th>中国</th><th>国际食品法典委员会</th><th>欧盟</th><th>加拿大</th><th>澳大利亚/新西兰</th><th>日本</th></tr>
<tr><td rowspan="2">BTX</td><td rowspan="2">未规定</td><td>0.8 BTX-2 eq</td><td rowspan="2">0.8 BTX -2 eq</td><td rowspan="2">20MUs/100g</td><td>20MUs/100g</td><td rowspan="2"></td></tr>
<tr><td>(20MUs/100 gS)</td><td>未明确 BTX 种类</td></tr>
<tr><td>PTX</td><td>未规定</td><td>0.16</td><td>0.16eq</td><td>0.16eq</td><td></td><td></td></tr>
<tr><td>YTX</td><td>未规定</td><td>0.16</td><td>1</td><td></td><td></td><td></td></tr>
<tr><td>CI</td><td>未规定</td><td>0.16</td><td></td><td></td><td></td><td></td></tr>
</table>

参考文献

[1] 罗素兰，张本，长孙东亭．芋螺毒素［J］．生物学通报，2003，38：7.

[2] 邴晖，高炳淼，于海鹏．海洋生物毒素研究新进展［J］，海南大学学报自然科学版，2011，29：78.

[3] Stobo LA，Lacaze JP，Scott AC，et al. Surveillance of algal toxins in shellfish from ScottishWaters［J］. Toxicon，2008，51：635－648.

[4] 周名江，李钧，于仁城，等．赤潮藻毒素研究进展［J］．中国海洋药物，1999，3：48～54.

[5] Kodama，Masaaki.，Takehiko Ogata.，Shigeru Sato.（1988）Bacteria prodution of saxitoxin Agric. Biol. Chem.，52（4）. 1075－1077.

[6] Quilliam，M. A.，W. R. Hardstaff.，N. Ishida.（1996）Production of diarrhetic shellfish poisioning（DSP）toxins by Prorocentrum lima in culture and development of analytical methods. Harmful and Toxic Algal Blooms，pp. 289－292.

[7] Jackson，A. E.，J. C. Marr.，J. L. McLachlan.（1993）The production of diarrhetic shellfish toxins by an isolate of Porocentrum lima from Nova Scotia，Canada Toxic Phytoplankton Blooms in the Sea. pp. 513－518.

[8] Bates S. S.，Bird C. J.，de Freitas A. S. W.，et al.，1989. Pennate diatom *Nitzschia pungens* as the primary source of domoic acid，a toxin in shellfish from Eastern Prince Edward island，Canada. Can. J. Fish. Aquat. Sci. 46，1203－1215.

[9] Pan Y.，Subba Rao D. V.，Man K. H.，Li W. K. W.，Harrison W. G.，1996a，Effects of silcatelimitation on production of domoic acid，a newrotoxin，by the diatomPseudo－nitzschia multiseries，II，Continuous culture studies，Mar. Ecol. Prog. Ser. 131：235－243.

[10] Pan Y.，Subba Rao D. V.，Man K. H.，1996b，Changes in domoic acid production and cellular chemical composition of the toxigenic diatom Pseudo－nitzschiamultiseriesunder phosphate limitation，Phycol，32：371－381.

[11] GEOHAB：Global Ecology and Oceanography of Harmful Algal Blooms，Science Plan. 2001，Published by SCOR and IOC，Baltimore and Paris.

[12] Vale，P.，Sampayo，M. A. M.，2000. Dinophysistoxin－2：a rare diarrhetic toxin associated with Dinophysis acuta. Toxicon 38（11），1599－1606.

[13] Pavela－Vrancic M.，V. Mestrovic，I. Marasovic，M. Gillman，A. Furey，

K. J. James，2002，DSP toxin profile in the coastal Waters of the central Adriatic Sea，Toxicon 40：1601 - 1607

［14］ Hess P，Gallacher S，Bates LA，et al. Determination and confirmation of the amnesicshellfish poisoning toxin，domoic acid，in shellfish from Scotland by liquid chromatography and mass spectrometry J AOAC INT 84（5）：1657 - 1667 SEP - OCT 2001.

［15］ 李淑冰，李惠珍，许旭萍．贝毒素的研究现状及产生源探究［J］．食品科学，2000，21（5）：39 - 41.

［16］ http：//ocean. china. com. cn/2012 - 12/14/content _ 27415415. htm

［17］ Aune T.，Stabell O. B.，Nordstoga K.，et al.，1998. Oral toxicity in mice of algal toxins from the diarrheic shellfish toxin（DST）complex and associated toxins. J. Nat. Toxins 7（2），141 - 158.

［18］ Hwang D. F. and Jeng，S. S.，1991. Bioassay of tetrodotoxin using ICR mouse strain. J. Chin. Biochem. Soc. 20，80 - 86.

［19］ Mcelhiney J.，Lawton L. A.，Edwards C.，et al.，1998. Development of a bioassay employing the desert locust（Schistocerca gregaria）for the detection of saxitoxin and related compounds in cyanobacteria and shellfish，Toxicon 35，417 - 420.

［20］ Vernoux J. P.，Le Baut C.，Masselin P.，et al.，1993. The use of Daphnia magna for detection of okadaic acid in mussel extracts. Food Add. Contam. 10（5），603 - 608.

［21］ Branaa P.，Naar J.，Chinain M.，et al.，1999. Preparation and characterization of domoic acid - protein conjugates using small amount of toxin in a reversed micellar medium ：application in a competitive enzyme - linked immunoabsorbent assay. Bioconjugate Chem. 10，1137 - 1142.

［22］ Garthwaite I.，Ross K. M.，Miles C. O.，et al.，2001. Integrated enzyme - linked immunosorbent assay screening system for amnesic，Neurotoxic，diarrhetic and paralytic shellfish poisoning toxins found in New Zealand. In press. J. AOAC Int. 84（5），1643 - 1648.

［23］ Van Dolah F. M.，Finley E. L.，Haynes B. L.，et al.，1994. Development of rapid and sensitive high throughput pharmacologic assays for marine phycotoxins. Nat. Tox. 2，189 - 196.

［24］ Jellett J. F.，Marks L. J.，Stewart J. E.，et al.，1992. Paralytic shellfish poison（saxitoxin family）bioassays：automated endpoint determination and standardization of the in vitro tissue culture bioassay and comparison with the standard mouse bioassay. Toxicon 30（10），1143.

［25］ Hungerford J. M. and Wekell M. M. 1992. Analytical methods for marine toxins. In Tu A. T. [eds.] Food poisoning - handbook of natural toxins 7, 441 - 450.

[26] Shoptaugh N. H., Buckley L. J., et al. 1978. Detection of gonyaulax toxins and other guanidine compounds on thin - layer silica gel chromatograms. Toxicon 16, 509 - 513.

[27] Wright J. L. C., Boyd R. K., Defreitas A. S. W., et al., 1989. Identification of domoic acid, an euroexcitatory amimo acid, in toxic mussels from eastern P. E. I. *Can. J. Chem.* 47, 481 - 490.

[28] Thibault P., Pleasance S. and Laycock M. V. 1991. Analysis of paralytic shellfish poisons by capillary electrophoresis. J. Chromatogr. 542, 483 - 501.

[29] Oshima Y. 1995. Post - column derivatization HPLC methods for paralytic shellfish poisons. In: Hallegraeff G. M., Anderson D. M., Cembella A. D. (Eds.). Manual on Harmful Marine Microalgae. IOC Manuals and Guides 33, UNESCO, 81 - 87

[30] Hummert C., Reichelt M. and Luckas B. 1997. Automatic HPLC - UV determination of domoic acid in mussels and algae. Chromatographia 45, 284 - 288.

[31] Niessen W. M. A., 1998. Advances in instrumentation in liquid chromatography - mass spectrometry and related liquid - introduction techniques. J. Chromatogra. A 794, 407 - 735.

[32] Niessen W. m. A., 2003. Progress in liquid chromatography - mass spectrometry instrumentation and its impact on high - through screening. J. Chromatogra. A, 1000, 413 - 436.

[33] 李爱峰. 液-质联用技术分析海洋生物毒素的研究. 中国科学院海洋研究所博士论文.

[34] Nagashima Y., Ohgoe H., Yamamoto K., et al., 1998. Resistance of non - toxic crabs to paralytic shellfish poisoning toxins. In: Reguera B., Blanco J., Fernández M. L., et al., [eds.] Harmful Algae. Xunta de Galicia and Intergovenmental Oceanographic Commission of UNESCO, Santiago de Compostela, p 604 - 606.

[35] Pleasance S., Ayer S. W., Laycock M. V., et al., 1992a. Ionspray mass spectrometry of marine toxins. Ⅲ. Analysis of paralytic shellfish poisoning toxins by flow - injection analysis, liquid chromatography/mass spectrometry and capillary electrophoresis/mass spectrometry. Rapid Commun. Mass Spectrom. 6, 14 - 24.

[36] Hashimoto T., Nishibori N. and Nishio S., 1994. Purification of tetrodotoxin - like substances in the xanthid crab *Atergatis floridus* collected from Asakawa Bay, Tokushima. Bull. Shikoku Univ. (B) 2, 93 - 100.

[37] Shoji Y., Yotsu - Yamashita M., Miyazawa T., et al., 2001. Electrospray ionization mass spectrometry of tetrodotoxin and its analogs: liquid chromatography/mass spectrometry, tandem mass spectrometry, and liquid chromatography/tandem

mass spectrometry. Analytical Biochemistry 290, 10 - 17.

[38] Tanum. B. , Mahmud Y. , Tsuruda K. , et al. , 2001. Occurrence of tetrodotoxin in the skin of a rhacophoridid frog *Polypedates* sp. from Bangladesh. Toxicon 39, 937 - 941.

[39] Horie M. , Kobayashi S. , Shimizu N. , et al. , 2002. Determination of tetrodotoxin in puffer - fish by liquid chromatography - electrospray ionization mass spectrometry. Analyst 127, 755 - 759.

[40] Pires Jr O. R. , Sebben A. , Schwartz E. F. , et al. , 2003. The occurrence of 11 - oxotetrodotoxin, a rare tetrodotoxin analogue, in the brachycephalidae frog *Brachycephalus ephippium*. Toxicon 42, 563 - 566.

[41] PiresJr O. R. , Sebben A. , Schwartz E. F. , et al. , 2005. Further report of the occurrence of tetrodotoxin and new analogues in the Anuran family Brachycephalidae. Toxicon 45, 73 - 79

[42] Yotsu - Yamashita M. and Mebs D. 2001. The levels of tetrodotoxin and its analogue 6 - *epi*tetrodotoxin in the red - spotted newt, *Notophthalmus viridescens*. Toxicon 39, 1261 - 1263.

[43] Tsuruda K. , Arakawa O. , Kawatsu K. , et al. , 2002. Secretory glands of tetrodotoxin in the skin of the Japanese newt *Cynops pyrrhogaster*. Toxicon 40, 131 -136.

[44] Asakawa M. , Toyoshima T. , Ito K. , et al. , 2003. Paralytic toxicity in the ribbon worm *Cephalothrix* species (Nemertea) in Hiroshima Bay, Hiroshima Prefecture, Japan and the isolation of tetrodotoxin as a main component of its toxins. Toxicon 41, 747 - 753.

[45] Shui L. m. , Chen K. , Wang J. Y. , et al. , 2003. Tetrodotoxin - associated snail poisoning in Zhoushan: a 25 - year retrospective analysis. J. of Food Protection 66 (1), 110 - 114.

[46] Tsai Y. - H. , Ho P. - H. , Hwang C. - C. , et al. , 2005. Tetrodotoxin in several species of xanthid crabs in southern Taiwan. Food Chemistry. Available online at www. sciencedirect. com

[47] Quilliam M. A. and Wright J. L. C. , 1989. The amnesic shellfish poisoning mystery. *Analytical Approach* 61, 1053a - 1059a.

[48] Quilliam M. A. , Janecek M. and Lawrence J. F. 1993. Characterization of the oxidation products of paralytic shellfish poisoning toxins by liquid chromatography/mass spectrometry. Rapid Commun. Mass Spectrom. 6, 14 - 24.

[49] Jaim E. , Hummert C. , Hess P. , et al. , 2001. Determination of paralytic shellfish poisoning toxins by high - performance ion - exchange chromatography. J. Chromatogra. A

929, 43 - 49.

[50] Quilliam M. A. 2001. Committee on natural toxins and food allergens. Phycotoxins. General reference reports. J. AOAC Int. 84 (1), 194 - 201.

[51] Oikawa H., Fujita T., Satomi M., et al., 2002. Accumulation of paralytic shellfish poisoning toxins in the edible shore crab *Telmessus acutidens*. Toxicon 40 (11), 1593 - 1599.

[52] Dell' Aversano C., Hess P. and Quilliam M. A. 2005. Hydrophilic interaction liquid chromatography - mass spectrometry for the analysis of paralytic shellfish poisoning (PSP) toxins. J. Chromatogra. A 1081, 190 - 201.

[53] Hallegraeff G. M., 1995. Harmful algal blooms: a global overview. In: Hallegraeff G. M., Anderson D. M., Cembella A. D. (Eds.). Manual on Harmful Marine Microalgae. IOC Manuals and Guides 33, UNESCO, 1 - 22.

[54] Suzuki T. and Yasumoto T. 2000. Liquid chromatography - electrospray ionization of dinophysistoxin - 1 to 7 - O - acyl - dinophysistoxin - 1 (dinophysistoxin - 3) in the scallop *Patinopecten yessoensis*. Toxicon 37, 187 - 198.

[55] Hummert C., Reichelt M. and Luckas B. 2000. New strategy for the determination of microcystins and diarrhetic shellfish poisoning (DSP) toxins, two potent phosphatases1 and 2A inhibitors and tumor promoters. Fresenius J. Anal. Chem. 366, 508 - 513.

[56] GotoH., Igarashi T., Yamamoto M., et al., 2001. Quantitative determination of marine toxins associated with diarrhetic shellfish poisoning by liquid chromatography coupled with mass spectrometry. J. Chromatogr. A 907, 181 - 189.

[57] Ito S. and Tsukada K. 2001. Matrix effect and correction by standard addition in quantitative liquid chromatographic - mass spectrometric analysis of diarrhetic shellfish poisoning toxins. J. Chromatogr. A 943, 39 - 46.

[58] Draisci R., Palleschi L., Giannetti L., et al., 1999. New approach to the direct detection of known and new diarrhoeic shellfish toxins in mussels and phytoplankton by liquid chromatography - mass spectrometry. J. Chromatogra. A 847, 213 -221.

[59] MacKenzie L., Holland P., McNabb P., et al., 2002. Complex toxin profiles in phytoplankton and greenshell mussels (*Perna canaliculus*), revealed by LC - MS /MS analysis. Toxicon 40, 1321 - 3330.

[60] Holland P. and McNabb P. 2003. Inter - laboratory study of an LC - MS method for ASP and DSPtoxins in shellfish. Cawthron Report No. 790. Nelson, New Zealand, Cawthron Institute.

[61] Thibault P., Quilliam M. A., Jamieson W. D., et al., 1989. Mass spectrometry of domoic acid, a marine neurotoxin. Biomed. Env. Mass Spectrom. 18, 373

- 386.

[62] Pleasance S., Xie M., Leblanc Y., et al., 1990. Capillary electrophoresis for detection and related compounds by mass spectrometry and gas chromatography/mass spectrometry as N - trifluoroacetyl - O - silyl derivatives. Biomed. Environ. Mass Spectrom. 19, 420 - 427.

[63] Hadley S. W., Braun S. K. and Wekell M. M. 1997. Confirmation of domoic acid as an N - formyl - O - methyl derivative in shellfish tissues by gas chromatography/mass spectrometry. In Shahidi F., Jones Y. and Kitts D. D. [eds.] Seafood Safety, Process, Biotechnology. Technomic, Lancaster, PA, USA. pp25 32.

[64] Quilliam M. A. 2003a. Chemical methods for domoic acid, the amnesic shellfish poisoning (ASP) toxin. In Hallegraeff G. M., Anderson D. M. and Cembella A. D. [eds.] Manual on Harmful Marine Microalgae. 11 (9), 247 - 266. Intergovernmental Oceanographic Commission (UNESCO), Paris.

[65] Hess P., Gallacher S., Bates L. A., et al., 2001. J. AOAC Int. 84, 1655.

[66] Powel C. L., Ferdin M. E., Busman M., et al., 2002. Development of protocol for determination of domoic acid in the sand crab (*Emerita analoga*): a possible new indicator species. *Toxicon* 40, 485 - 492.

[67] Furey A., Lehane M., Gillman M., et al., 2001. Determination of domoic acid in shellfish by liquid chromatography with electrospray ionization and multiple tandem mass spectrometry. J. Chromatography A. 938, 167 - 174.

[68] Hua Y., Lu W., Henry M. S., et al., 1995. On - line high - performance liquid chromatography - electrospray ionization mass spectrometry for the determination of brevetoxins in "red tide" algae. Anal. Chem. 67, 1815 - 1823.

[69] Hua Y., Lu W., Henry M. S., et al., 1996. On - line liquid chromatography - electrospray ionization mass spectrometry for determination of the brevetoxin profile in natural "red tide" algal blooms. J. Chromatography A 750, 115 - 125.

[70] Quilliam M. A. 1998a. Liquid chromatography - mass spectrometry: a universal method for analysis of toxins? In Reguera B., Blanco J., Fernandez M., et al., [eds.] 1997. Harmful algae, Proceedings of the VIII internation conference on harmful algae, pp509 - 514.

[71] Lewis R. J., Jones A., Vernoux J. P., 1999. HPLC/tandem electrospray mass for the determination of Sub - ppb levels of Pacific and Caribbean ciguatoxins in crude extracts of fish. Anal. Chem. 71, 247 - 250.

[72] Poli M., et al., 2000. Neurotoxic shellfish poisoning and brevetoxin metabolites: a case study from Florida. Toxicon 38, 981 - 993.

[73] Plakas S. M., El Said K. R., Jester E. L. E., et al., 2002. Confirmation of

brevetoxin metabolism in the Eastern oyster (*Crassostrea virginica*) by controlled exposures to pure toxins and to *Karenia brevis* cultures. Toxicon 40, 721－729.

[74] Wang Z., Plakas S. M., El Said K. R., et al., 2004. LC/MS analysis of brevetoxin metabolites in the Eastern oyster (*Crassostrea virginica*). Toxicon 43, 455－465.

[75] Nozawa A., Tsuji K. and Ishida H. 2003. Implication of brevetoxin B1 and PbTx－3 in neurotoxic shellfish poisoning in New Zealand by isolation and quantitative determination with liquid chromatography－tandem mass spectrometry. Toxicon 42, 91－103.

[76] Lewis R. J. and Jones A. 1997. Characterization of ciguatoxins and ciguatoxin congeners present in ciguateric fish by gradient reverse－phase high－performance liquid chromatography/mass spectrometry. Toxicon 35, 159－168.

[77] Hamilton B., Hurbungs M., Vernoux J.－P., et al., 2002. Isolation and characterisation of Indian Ocean ciguatoxin. Toxicon 40, 685－693.

[78] Pottier I., Hamilton B., Jones A., et al., 2003. Identification of slow and fast－acting toxins in a highly ciguatoxic barracuda (*Sphyraena barracuda*) by HPLC/MS and radiolabelled ligand binding. Toxicon 42, 663－672.

[79] Ofuji K., Satake M., Oshima Y., et al., 1999b. A sensitive and specific method for azaspiracids by liquid chromatography mass spectrometry. Nat. Toxins 7 (6), 247－250.

[80] Lehane M., Braña－Magdalena A., Moroney C., et al., 2002. Liquid chromatography with electrospray ion trap mass spectrometry for the determination of five azaspiracids in shellfish. J. Chromatogr. A 950, 139－147.

[81] Lehane M., Sáez M. J. F., Magdalena A. B., et al., 2004. Liquid chromatography－multiple tandem mass spectrometry for the determination of ten azaspiracids, including hydroxyl analogues in shellfish. J. Chromatogra. A 1024, 63－70.

[82] James K. J., Lehane M., Moroney C., et al., 2002a. Azaspiracid shellfish poisoning: unusual toxin dynamics in shellfish and the increased risk of acute human intoxications. Food Add. Contam. 19 (6), 555－561.

[83] James K. J., Moroney C., Roden C., et al., 2003. Ubiquitous 'benign' alga emerges as the cause of shellfish contamination responsible for the human toxic syndrome, azaspiracid poisoning. Toxicon 41, 145－151.

[84] Draisci R., Palleschi L., Ferretti E., et al., 2000. Development of a method for the identification of azaspiracid in shellfish by liquid chromatography－tandem mass spectrometry. J. Chromatogr. A 871, 13－21.

[85] James K. J., Furey A., Lehane M., et al., 2001. LC－MS methods for the

investigation of a new shellfish toxic syndrome – Azaspiracid poisoning (AZP). In De Koe W. J., Samson R. A., Van Egmond H. P., et al., [eds.] Mycotoxins and phycotoxins in perspective at the turn of the millennium. Proceedings of the Xth international IUPAC symposium on mycotoxins and phycotoxins, pp. 401 – 408.

[86] James K. J., Furey A., Lehane M., 2002b. First evidence of an extensive northern European distribution of azaspiracid poisoning (AZP) toxins in shellfish. Toxicon 40, 909 – 915.

[87] Furey A., Braña – Magdalena A., Lehane M., et al., 2002. Determination of azaspiracids in shellfish using liquid chromatography tandem electrospray mass spectrometry. Rapid Commun. Mass Spectrom. 16, 238 – 242.

[88] Fernández Puente P., Fidalgo Sáez M. J., Hamilton B., et al., 2004. Rapid determination of polyether marine toxins using liquid chromatography – multiple tandem mass spectrometry. J. Chromatogra. A 1056, 77 – 82.

[89] Ciminiello P., Dell' Aversano C., Fattorusso E., et al., 2002. Direct detection of yessotoxin and its analogues by liquid chromatography coupled with electrospray ion trapmass spectrometry. J. Chromatogra. A 968, 61 – 69.

[90] Aasen J., Samdal I. A., Miles C. O., et al., 2005. Yessotoxins in Norwegian blue mussels (*Mytilus edulis*): uptake from *Protoceratium reticulatum*, metabolism and depuration. Toxicon 45, 265 – 272

[91] Draisci R., Lucentini L., Gianetti L., et al., 1996. First report of pectenotoxin – 2 (PTX – 2) in algae (*Dinophysis fortii*) related to seafood poisoning in Europe. Toxicon 34, 923 – 935.

[92] James K. J., Bishop A. G., Draisci R., et al., 1999. Liquid chromatographic methods for the isolation and identification of new pectenotoxin – 2 analogues from marine phytoplankton and shellfish. J. Chromatogra. A 844, 53 – 65.

[93] Pavela – VrančičM., MeštrovićV., MarasovićI., et al., 2001. The occurrence of 7 – *epi* – pectenotoxin – 2 seco acid in the coastal Waters of the central Adriatic (Kaštela Bay). Toxicon 39, 771 – 779.

[94] Vale P. and De M. Sampayo M. A. 2002a. Esterification of DSP toxins by Portuguese bivalves from the Northwest coast determined by LC – MS – a widespread phenomenon. Toxicon 40, 33 – 42.

[95] Suzuki T., Beuzenberg V., Mackenzie L., et al., 2003a. Liquid chromatography – mass spectrometry of spiroketal stereoisomers of pectenotoxins and the analysis of novel pectenotoxin isomers in the toxic dinoflagellate *Dinophysis acuta* from New Zealand. J. Chromatogra. A 992, 141 – 150.

[96] Miles C. O., Wilkins A. L., Munday R., et al., 2004. Isolation of pect-

enotoxin－2 from *Dinophysis acuta* and its conversion to pectenotoxin－2 seco acid, and preliminary assessment of their acute toxicities. Toxicon 43, 1－9.

[97] MacKenzie L., Beuzenberg V., Holland P., et al., 2005. Pectenotoxin and okadaic acid－based toxin profiles in *Dinophysis acuta* and *Dinophysis acuminata* from New Zealand. Harmful Algae 4, 75－85.

[98] Alexander J, Aueunsson G A, Benford D, et al. Scientific opinion of the Panel on Contaminants in the Food Chain on a request from the European Commission on marine biotox－ins in shellfish－okadaic acid and analogues [J]. EFSA J, 2008, 589: 1－62.

[99] Alexander J, Benford D, Cockburn A, et al. Scientific Opinion of the Panel on Contaminants in the Food Chain on a request from the European Commission on marine biotoxins in shellfish－Yessotoxin group [J]. EFSA J, 2008, 907: 1－62.

[100] Alexander J, Benford D, Cockburn A, et al. Scientific Opinion of the Panel on Contaminants in the Food Chain on a request from the European Commission on marine biotoxins in shellfish－pectenotoxin group [J]. EFSA J, 2009, 1109: 1－47.

[101] Alexander J, Benford D, Cockburn A, et al. Scientific Opinion of the Panel on Contaminants in the Food Chain on a request from the European Commission on marine biotoxins in shellfish－Azaspiracid group [J]. EFSA J, 2008, 723: 1－52.

[102] Joint FAO/WHO Food Standards Programme Codex Alimentarius Commission, Thirty－fourth Session, Geneva, Switzerland, 4—9 July 2011. Report of the thirty first session of the Codex Committee On Fish And Fishery Products, Troms∅, Norway 11－16 April 2011.

第二章　腹泻性贝类毒素与检测

第一节　腹泻性贝类毒素概述

一、化学结构与理化性质

据文献记载，1976 年在日本的东北部地区首次爆发了腹泻性贝毒中毒事件[1]。由于这次事故是由倒卵形鳍藻导致的，因此这种藻毒素被人们命名为鳍藻毒素（dinophysistoxin，DTX）。之后，人们又从一种海绵（*Halichondria okadai*）体中分离出一种类似鳍藻毒素毒性的酸性物质，命名为大田软海绵酸（okadaic acid，OA）[2]。由于二者之间存在的相似性，它们的分子结构很快得到确定[3]。后来鳍藻毒素的衍生物 DTX2、DTX3、DTX4、DTX5a 和 DTX5b 被相继分离出来（如表 2－1 所示），特别是 OA 和 DTX2 互为同分异构体，而 DTX3 是 7－O－acyl－DTX1（如图 2－1 所示）。1989 年，Yasumoto 等[4]人从利玛原甲藻（Prorocentrum lima）中分离出两种大田软海绵酸的二醇酯衍生物（OA－1，OA－2），随后又从利玛原甲藻 *P. maculosum* 藻株中分离到四种新的二醇酯化合物（OA－3，OA－4，OA－5，OA－6）[5,6]。这些毒素的分子结构如图 2－2 所示。由于这些毒素均可导致人的胃肠部疾病，如腹泻、呕吐、腹疼等症状，人们将这类毒素统称为腹泻性贝毒。产生 DSP 毒素的甲藻类型主要有鳍藻属（Dinophysis），如渐尖鳍藻（D. acuminata）、倒卵形鳍藻、尖锐鳍藻（D. acuta）、具尾鳍藻（D. caudata）、D. hastata 、D. mitra 、D. norvegica、D. rotundata、D. sacculus 和 D. tripos 等；另外还有底栖甲藻利玛原甲藻、P. concavum、P. redfieldi 也产生 DSP 毒素[7,8]。

DSP 毒素是一类热稳定性极好的亲脂性聚醚化合物，不易溶于水，对热稳定，通常的加热处理不易破坏。因为毒素一般只存在于贝类的中肠腺，所以大型贝类产品除去中肠腺即可避免中毒。从图 2－3 可以看出，DSP 毒素分子结构中含有一个饱和的 5，6，6－三螺环基团和一个饱和的 6，6－二螺环，还有一个不饱和的 6，6－二螺环。OA 和 DTXs 毒素通过酰化作用都能够连接上一个 C14－C22 长度不等的饱和或不饱和的脂肪酸化合物[8,9]，这些酰化衍生物也具有毒性，并且只存在于有毒贝的消化腺内，因此认为它们是贝积累毒素后的代谢产物[9]。在碱性条件下将这些酰化衍生物加热水解，就可以恢复 OA 和 DTXs 毒素的原有形态。鳍藻毒素的衍生物种类见表 2-1。

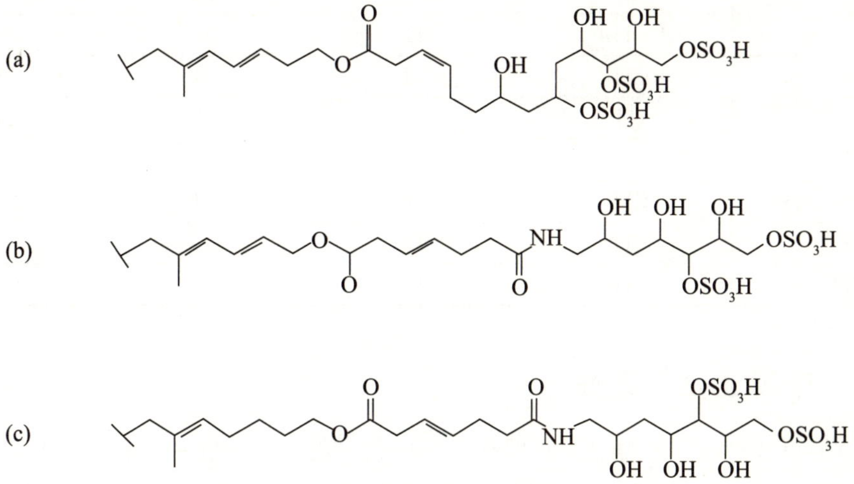

(a)

(b)

(c)

图 2-1　DTX4、DTX5a 和 DTX5b 化学结构

（a）DTX4 毒素化学结构　（b）DTX5a 毒素化学结构　（c）DTX5b 毒素化学结构

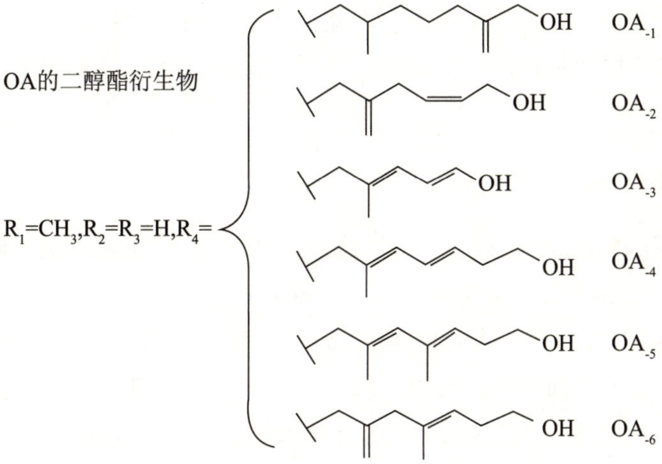

OA的二醇酯衍生物

$R_1=CH_3, R_2=R_3=H, R_4=$

OA_{-1} OA_{-2} OA_{-3} OA_{-4} OA_{-5} OA_{-6}

图 2-2　大田软海绵酸（OA）二醇酯衍生物类型

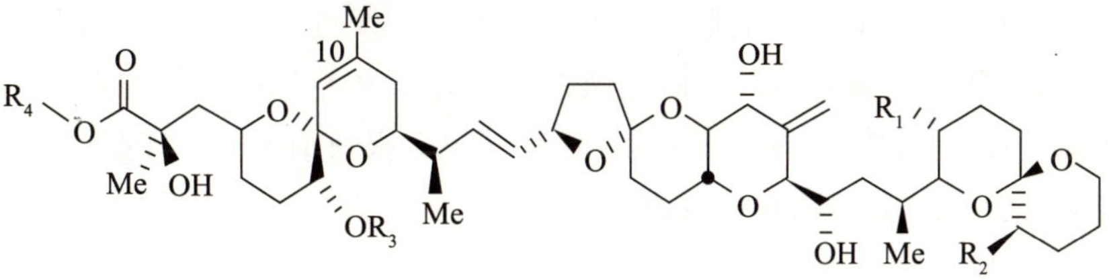

图 2-3　腹泻性贝毒的化学结构

表 2-1　鳍藻毒素的衍生物种类

	R_1	R_2	R_3	R_4
OA	CH_3	H	H	H
DTX1	CH_3	CH_3	H	H
DTX2	H	CH_3	H	H
DTX3	CH_3	CH_3	Acyl	H
DTX4	CH_3	H	H	(a)
DTX5a	CH_3	H	H	(b)
DTX5b	CH_3	H	H	(c)

二、中毒途径与毒性

在世界许多海域的贝类中都发现有腹泻性贝毒的存在，在一定程度上其毒素组成取决于地理位置。腹泻性贝毒的发生主要集中在我国北方黄海、渤海贝类产区，以夏季最多。DSP 毒素积累在贝脂肪组织内，OA 和 DTXs 毒素通过酰化作用都能够连接上一个 C14－C22 长度不等的饱和或不饱和的脂肪酸化合物，这些酰化衍生物也具有毒性，并且只存在于有毒贝的消化腺内，因此认为它们是贝积累毒素后的代谢产物。此类毒素中毒的主要症状是腹泻。中毒症状可能会持续 3 天，但不会留下后遗症，更不会致命[10]。

三、毒理作用

OA 和 DTXs 毒素都是高效、专一性地抑制 PP1 和 PP2a 型的蛋白磷酸酶，尤其是 PP2a 型，能够剧烈地增强大多数蛋白质的磷酸化作用。OA 能够诱导蛋白质的超磷酸化作用和增生基因的表达，从而促进肿瘤的形成[11]。OA 对小鼠的半致死剂量为 200μg/kg（i. p.）。OA 和 DTX1 对成人的最小致毒剂量分别为 48μg 和 38. 4μg[12]，如果贝肝脏内 DSP 的含量分别超过 2μgOA/g 和 1. 8μgDTX1/g，对人来讲就不宜食用[8]。

四、中毒表现

腹泻性贝毒中毒症状主要有腹泻、呕吐、恶心、腹痛和头疼，发病时间可在食后 30min 或 14h 不等，一般在 48h 内恢复健康，一般止泻药不能医治；DSP 不是一种可致命的毒素，通常引起轻微的胃肠疾病，而症状也会很快消灭，没有强烈的急性毒性，但大田软海绵酸（OA）是潜在的致癌因子[13]。

五、救治

紧急处理：①立即手法或药物催吐，催吐后口服活性炭。②注意休息。③出现中毒症状者要及时到医院就诊，就诊时要携带食用剩余的贝类。

第二节　小鼠生物检测技术

一、原理

用丙酮提取贝类中DSP毒素，经乙醚分配后，经减压蒸干，再以含1%吐温-60的生理盐水为分散介质，制备DSP-1%吐温-60生理盐水混悬液，将该混悬液注射入小鼠腹腔，观察小鼠存活情况，计算其毒力。

二、试样制备与保存

1. 试样制备

(1) 样品采集：样品应有充分的代表性。去壳贝肉、带壳贝类或罐装贝类样品等，均应采取足够的数量并使贝肉达400g以上。

(2) 远离实验室不能及时送检的样品，除了在常温下品质不会发生变化的，应将样品置于保温盒中冷冻送检，或采取必要措施保证其处于低温状态（0～10)℃送检。如为带壳样品，应按“样品制备”的方法开壳，去除水分后冷冻送检。

2. 样品制备

(1) 生鲜带壳样品的前处理

用清水彻底洗净贝类外壳，切断闭壳肌，开壳，取出贝肉与汁液进行均质处理。严禁以加热或药物方法开壳。注意不要破坏闭壳肌以外的组织，尤其是中肠腺（又称消化盲囊，组织呈暗绿色或褐绿色）。

将去壳贝肉放在孔径约2mm的金属筛网上，沥水5min，按照本节“3. 检样制备”制得样品。

(2) 冷冻样品的前处理

在室温下使冷冻样品融化呈半冷冻状态。带壳冷冻的样品按“生鲜带壳样品的前处理”方法清洗、开壳、淋洗取肉，此时的贝肉仍呈冷冻状态，除去贝肉外部附着的冰片，用吸水纸轻轻抹去水分后，按“检样制备“方法制备检样；事先已去除水分的冷冻去壳样品，室温融化后，按“检样制备”方法制备检样。

3. 检样制备

选用全部可食用部分称量200g贝肉，将全部贝肉细切后混合，作为检样。

三、检测步骤

1. 试样提取

(1) 将检样置于均质杯中，按体积比加3倍量丙酮后均质2min以上。如为小均质杯，可分两次操作。

（2）将均质好的物质倒入布氏漏斗中抽滤，收集滤液。

（3）对残渣分别用残渣 2 倍量的丙酮再清洗两次，滤液与第一次收集的滤液合并。

（4）将滤液移入 500mL 的圆底烧瓶中，56℃±1℃下，减压浓缩去除丙酮直至在液体表面分离出油状物。

（5）用 100mL～200mL 乙醚溶解油状物，倒入分液漏斗内，再用少量的乙醚清洗圆底烧瓶，合并倒入分液漏斗内，以少量的水洗下粘壁部分，轻轻振荡（不能生成乳浊液），静置分层后去除水层（下层）。

（6）用相当乙醚半量的蒸馏水洗乙醚层两次，去除水层，再将乙醚层移入 250mL 或 500mL 的圆底烧瓶中，于 35℃±1℃减压浓缩去除乙醚。

（7）用少量乙醚将浓缩物移入 50mL 或 100mL 圆底烧瓶中，再次减压浓缩去除乙醚。

（8）以 1%吐温-60 的生理盐水将全部浓缩物在刻度试管中稀释到 10mL，充分振摇，制成均匀提取物-1%吐温-60 生理盐水混悬液。此时 1mL 溶液中相当于含有 20g 贝肉，以此混悬液为试验原液。

（9）以试验原液注射小鼠，24h 内 2 只或 3 只小鼠死亡时，需将试验原液按表 1 逐步稀释，再注射小鼠。稀释前，应先振荡使试液成为均匀混悬液，再取其部分以 1%吐温-60 生理盐水稀释，注射前充分混匀。

2. 小鼠试验

（1）选择 16g～20g 健康 ICR 雄性小鼠 6 只，随机分为实验组和溶剂对照组（1%吐温-60 生理盐水）两组，每组 3 只。

（2）分别取 1mL 待测液（试验原液或其稀释液）或 1%吐温-60 生理盐水腹腔注射小鼠。注射过程中若有提取液溢出，需将该只小鼠丢弃，并重新注射一只小鼠。仔细观察并记录死亡时间。死亡时间计算从注射完毕开始至小鼠停止呼吸（小鼠呼出最后一口气止）为止。存活动物应连续观察 24h。

（3）观察时限 24h 内，在溶剂对照组小鼠正常的情况下，实验组若出现 2 只或 3 只小鼠死亡，则按表 2-2 进一步实验，以确定一组 3 只小鼠中死亡 2 只或 2 只以上的最小染毒量或最大稀释度。

表 2-2 注射量、稀释度与毒力的关系

试验液	注射量 mL	检样量[1] g	毒力 MU/g
原液	1.0	20	0.05
原液	0.5	10	0.1
4 倍稀释液	1.0	5	0.2
4 倍稀释液	0.5	2.5	0.4
16 倍稀释液	1.0	1.25	0.8
16 倍稀释液	0.5	0.625	1.6

注：1）以中肠腺为检样时，相当于含有中肠腺的去壳肉量。

四、结果计算与表述

（1）观察时限 24h 内，在溶剂对照组小鼠正常的情况下，若实验组无小鼠死亡或仅有 1 只小鼠死亡，则报告受检样品中 DSP 毒力为：＜0.05MU/g。

（2）观察时限 24h 内，在溶剂对照组小鼠正常的情况下，若实验组有 2 只或 3 只小鼠死亡，则按表 2-2 进行动物实验，并根据表 2-2 计算待检样品中 DSP 毒力，报告该样品的毒力为：×××MU/g。

五、操作注意事项

腹泻性贝类毒素是一类毒性较强的混合物，为避免腹泻性贝类毒素对健康的危害，实验过程自始至终应戴手套操作。

橡胶手套、玻璃制品等用过的器材应在 5%的次氯酸钠溶液中浸泡 1h 以上，方可清洗或丢弃。同样，废弃的提取液等也应以上述溶液浸泡后处理。

小鼠尸体应按 GB 14925 要求焚烧处理，其排放物应达到污物焚烧排放规定要求。

第三节　酶联免疫检测技术

一、原理

方法根据竞争性酶联免疫反应，游离的腹泻性贝类毒素与腹泻性贝类毒素酶标记物竞争腹泻性贝类毒素抗体。没有被结合的酶标记物在洗涤步骤中被除去。将酶基质和显色剂加入到孔中并且孵育。结合的酶标记物将无色的发色剂转化为蓝色的产物。加入反应终止液后使颜色由蓝转变为黄色。在 450nm 波长的酶标仪测量微孔溶液的吸光度值，样品中的腹泻性贝类毒素溶液与吸光度值成反比，按绘制的校正曲线定量计算。

二、试样的提取和净化

1. 试样制备

（1）样品采集

远离实验室不能及时送检的样品，除了在常温下品质不会发生变化的，应将样品置于保温盒中冷冻送检，或采取必要措施保证其处于低温状态（0～10）℃送检。如为带壳样品，应按“样品制备”的方法开壳，去除水分后冷冻送检。

（2）样品制备

①生鲜带壳样品的前处理

用清水彻底洗净贝类外壳，切断闭壳肌，开壳，取出贝肉与汁液进行均质处理。

严禁以加热或药物方法开壳。注意不要破坏闭壳肌以外的组织，尤其是中肠腺（又称消化盲囊，组织呈暗绿色或褐绿色）。

将去壳贝肉放在孔径约2mm的金属筛网上，沥水5min，按“检样制备”方法制备检样。

②冷冻样品的前处理

在室温下使冷冻样品融化呈半冷冻状态。带壳冷冻的样品按“生鲜带壳样品的前处理”方法清洗、开壳、淋洗取肉，此时的贝肉仍呈冷冻状态，除去贝肉外部附着的冰片，用吸水纸轻轻抹去水分后，按“检样制备”方法制备检样；事先已去除水分的冷冻去壳样品，在室温下融化后，按“检样制备”方法制备检样。

(3) 检样制备

选用全部可食用部分称量10.0g贝肉（精确至0.1g），将全部贝肉细切后混合，作为检样。

2. 试样的提取

10.0g试样中加入5倍90%甲醇溶液，均质（1～2）min，3000g（重力加速度）离心10min，离心后取上清液，用重蒸馏水按1∶2稀释，取50μL按照“三、检测步骤”进行酶联免疫测定。此时的稀释倍数是10。高浓度的样品，如超出标准曲线范围，可进一步用90%甲醇溶液稀释，直至测定值在标准曲线范围以内。

三、检测步骤

将足够数量的微孔条插入微孔架（标准液和样液分别做复孔），记录标准液和样液的位置。加入50μL 2～5个腹泻性贝类毒素标准液和样液到各自的微孔，每个标准液和样液必须使用新的吸头，加入50μL腹泻性贝类毒素酶标记物至每个微孔，迅速充分混合，22℃～25℃避光处孵育10min。将微孔架倒置在吸水纸上拍打数次，以保证完全除去微孔中的液体，每个微孔注入250μL洗液冲洗后拍干，再重复以上洗板操作4次。加入50μL发色剂至每个微孔中，轻拍混匀，于22℃～25℃黑暗避光处孵育6min。加入50μL反应终止液至每个微孔中，迅速混匀后，在10min内以空气为空白调零，测量并记录每个微孔溶液450nm波长的吸光度值。

四、结果计算

1. 计算百分比吸光度值

计算腹泻性贝类毒素标准液和样液的平均吸光度值，按公式（2－1）分别求得每个腹泻性贝类毒素标准液和空白液的百分比吸光度值：

$$A=\frac{S}{S_0}\times 100\% \qquad (2-1)$$

式中：

A——百分比吸光度值；

S ——腹泻性贝类毒素标准液或样液的平均吸光度值；

S_0——0μg/L 的腹泻性贝类毒素标准液的平均吸光度值。

2. 绘制标准曲线

以百分比吸光度值（算术级）为纵坐标，以腹泻性贝类毒素浓度（μg/kg）（对数级）为横坐标，绘制出腹泻性贝类毒素标准液百分比吸光度值与腹泻性贝类毒素浓度的标准曲线。每次试验均应重新绘制标准曲线。

3. 结果的计算

在绘制的标准曲线上，样液百分比吸光度值所对应的腹泻性贝类毒素浓度即为试样中腹泻性贝类毒素含量（μg/kg）。

4. 结果的表述

当测定值＜10μg/kg 时，则报告腹泻性贝类毒素含量＜10μg/kg。

当测定值≥10μg/kg 时，则报告实际测定数值。

五、其他

1. 定量限

方法的定量限为 10μg/kg。

2. 回收率

方法的回收率为 85%～90%。

六、注意事项

任何腹泻性贝类毒素含量值大于 16μg～20μg/100g 的样品即被认为是有害的，对人类食用不安全。

标准液含有腹泻性贝类毒素，应特别小心，避免接触。

反应终止液为 1mol/L 硫酸，避免接触皮肤。

第四节　高效液相色谱-串联质谱（HPLC-MS/MS）检测技术

一、原理

试样采用 100%甲醇提取，再经氢氧化钠溶液水解释放出酯化态 DSP，高效液相色谱-串联质谱法测定，以基质校正标准曲线进行外标法定量。

二、试剂和材料

注：除非另有说明，本方法所用试剂均为分析纯，水为GB/T 6682规定的一级水。

1. 试剂

(1) 甲醇（CH_3OH）：色谱纯。

(2) 乙腈（CH_3CN）：色谱纯。

(3) 氨水（$NH_3 \cdot H_2O$）：优级纯，浓度≥25%。

(4) 氢氧化钠（NaOH）。

(5) 盐酸（HCl）：浓度≥36%。

(6) 碳酸氢铵（NH_4HCO_3）：色谱纯。

2. 试剂配制

(1) 甲醇溶液（30%）：量取30mL甲醇加到70mL水中，混合均匀。

(2) 甲醇溶液（20%）：量取20mL甲醇加到80mL水中，混合均匀。

(3) 氨水甲醇溶液（0.3%）：吸取0.3mL氨水，用甲醇定容至100mL。

(4) 氢氧化钠溶液（2.5mol/L）：准确称取50g氢氧化钠，用水溶解并定容至500mL。

(5) 盐酸溶液（2.5mol/L）：准确量取104.5mL盐酸，用水定容至500mL。

(6) 流动相A（2mmol/L碳酸氢铵，pH＝11）：准确称取79mg碳酸氢铵，用30mL水将其全部溶解，加入7.5mL氨水，加水定容至500mL，检查pH，室温下可保存48h。

(7) 流动相B（乙腈＋2mmol/L碳酸氢铵＝9＋1，pH＝11）：准确称取79mg碳酸氢铵，用33mL水将其全部溶解，加入17.5mL氨水，加乙腈定容至500mL，检查pH，室温下可保存48h。

3. 标准品

(1) 大田软海绵酸（$C_{44}H_{68}O_{13}$）标准溶液：14.24μg/mL。

(2) 鳍藻毒素-1（DTX-1，$C_{45}H_{70}O_{13}$）标准溶液：15.15μg/mL。

(3) 鳍藻毒素-2（DTX-2，$C_{44}H_{68}O_{13}$）标准溶液：7.80μg/mL。

4. 标准溶液配制

(1) 混合标准中间液：分别吸取适量的各标准溶液（大田软海绵酸标准溶液、鳍藻毒素-1标准溶液、鳍藻毒素-2标准溶液）于5mL棕色容量瓶中，用甲醇稀释并定容，使其浓度分别为：OA 1.0μg/mL，DTX-1 1.0μg/mL，DTX-2 1.0μg/mL。－18℃以下避光保存，保存期1个月。

(2) 基质校正标准曲线工作液：取5份空白试样，分别加入适量上述各浓度混合标准溶液，按“试样提取”和“试样净化”步骤处理，制成OA、DTX-1、DTX-2的浓度为0.8ng/mL、1.6ng/mL、4.0ng/mL、8.0ng/mL和16.0ng/mL的基质校正标准系列工作液，过 0.22μm 滤膜后备用。

5. 材料

（1）固相萃取柱：硅胶表面修饰苯乙烯二乙烯基苯聚合物型固相萃取柱，60mg，3mL，或相当者。用前分别用 1mL 甲醇、1mL 30％甲醇溶液活化。

（2）滤膜：0.22μm。

三、仪器和设备

（1）液相色谱-串联四极杆质谱仪：配电喷雾离子源；

（2）分析天平：感量为 0.01g；

（3）组织均质器：转速≥10000r/min；

（4）涡旋振荡器；

（5）离心机：转速≥8000r/min；

（6）超声波清洗器；

（7）恒温干燥箱；

（8）固相萃取装置；

（9）真空泵；

（10）氮吹仪；

（11）pH 计；

（12）具塞离心管：50mL；

（13）刻度玻璃管：20mL；

（14）螺纹口样品瓶：9.5mL。

四、分析步骤

1. 试样制备

洗净贝类样品外壳泥沙后，开壳，再清洗净内部，确保样品无海水和泥沙等异物。取贝类组织可食部分，沥干水分后备用。以上贝类及其他贝类制品经充分搅碎、均质，分出 0.5kg 作为试样，置于清洁样品容器中，密封，并做上标记。

在试样制备的操作过程中，应防止样品污染或发生残留物含量的变化。试样置于－18℃以下避光保存。

2. 试样提取

（1）DSP 毒素提取

称取 2.00 g（精确到 0.01 g）试样于 50mL 具塞离心管中，加入 9mL 甲醇，涡旋混合 1min，超声提取 10min，8000r/min 下离心 5min，取上清液于 20mL 刻度玻璃管中。残渣中加入 9mL 甲醇，重复提取一次，合并两次提取液并用甲醇定容至 20mL。

（2）酯化态 DSP 毒素水解释放

准确移取“DSP 毒素提取”步骤中所得甲醇提取液 1mL 于 9.5mL 螺纹口样品瓶中，加入 2.5mol/L NaOH 溶液 125 μL，混匀后用密封膜将样品瓶密封，于 76℃下温育 40min。样品瓶冷至室温后，加入 2.5mol/L HCl 溶液 125μL 并混匀，所得试样溶液可直接过 0.22μm 滤膜后，供 LC－MS/MS 测定，或者必要时进行净化处理。

3. 试样净化

步骤“酯化态 DSP 毒素水解释放”所得试样溶液用 3mL 水稀释，涡旋混匀后，移入依次用 1mL 甲醇、1mL30％甲醇溶液活化的聚合物型固相萃取柱上，待液体以 1mL/min 的流速流出后，再用 1mL20％甲醇溶液淋洗，弃去流出液，最后用 1mL0.3％氨水甲醇溶液洗脱吸附在柱上的腹泻性贝类毒素，保持抽气 2min，收集洗脱液，甲醇定容至 1mL，过 0.22μm 滤膜后，供 LC－MS/MS 测定。

4. 仪器参考条件

（1）液相色谱参考条件

a）色谱柱：C_{18}柱，150mm× 3mm（i. d.），3.5μm，或相当者；

b）流速：0.4mL/min；

c）柱温：35℃；

d）进样量：10μL；

e）流动相：A 为 2mmol/L 碳酸氢铵溶液（pH＝11），B 为乙腈＋2mmol/L 碳酸氢铵（9＋1，*V/V*）溶液（pH＝11），梯度洗脱程序见表 2－3。

表 2－3　流动相梯度洗脱程序

时间/min	A/％	B/％
0.0	90	10
1.0	90	10
10.0	10	90
13.1	10	90
15.0	90	10
20.0	90	10

（2）质谱参考条件

a）离子源：电喷雾离子源；

b）扫描模式：负离子扫描；

c）检测方式：多反应监测；

d）电喷雾电压（IS）：－4000V；

e）雾化气压力（GS1）：60psi（1psi＝6.89kPa）；

f）气帘气压力（CUR）：15psi；

g）碰撞气压力（CAD）：12psi；

h）辅助气流速（GS2）：70L/min；

i）离子源温度（TEM）：550℃；

j）母离子、子离子及去簇电压和碰撞能量见表2-4。

表2-4　腹泻性贝类毒素多反应监测模式下母离子、子离子、去簇电压和碰撞能量

目标化合物	母离子（m/z）	子离子（m/z）	去簇电压（DP/V）	碰撞能量（CE/eV）
大田软海绵酸（OA）	803.4	255.3*	−130	−65
		113.1	−130	−90
鳍藻毒素-1（DTX-1）	817.4	255.2*	−90	−48
		150.8	−90	−48
鳍藻毒素-2（DTX-2）	803.4	255.3*	−130	−65
		113.1	−130	−90

*代表定量离子。

5. 基质校正标准曲线的制作

将基质校正标准系列工作液分别注入高效液相色谱-串联质谱仪中，测定相应的峰面积，以标准工作液的浓度为横坐标，以峰面积为纵坐标，绘制标准曲线。

6. 试样溶液的测定

将试样溶液注入高效液相色谱-串联质谱仪中，得到峰面积，根据基质校正标准曲线得到待测液中腹泻性贝类毒素的浓度，平行测定次数不少于两次。

（1）定性测定

在同样测试条件下，试样溶液中与标准溶液中腹泻性贝类毒素的保留时间之比，偏差在±5%以内，且检测到的离子的相对丰度，应当与浓度相近的标准工作液中离子的相对丰度一致，其丰度比偏差应符合表2-5要求。

表2-5　定性测定时相对离子丰度的最大允许偏差

相对离子丰度	>50%	>20%至≤50%	>10%至≤20%	≤10%
允许的相对偏差	±20%	±25%	±30%	±50%

（2）定量测定

取试样溶液和相应的标准溶液等体积进样测定，采用基质校正标准曲线进行外标法定量。标准溶液及试样溶液中腹泻性贝类毒素的响应值均应在仪器检测的线性范围之内。

五、空白实验

除不加试样外，均按上述测定步骤进行。

六、分析结果的表述

1. 试样中腹泻性贝类毒素含量按式（2-2）计算：

$$X_i = \frac{c_i \times V \times 1000}{m \times 1000} \times f \quad \cdots\cdots (2-2)$$

式中：

X_i ——试样中腹泻性贝类毒素的含量，单位为微克每千克（μg/kg）；

c_i ——从基质校正标准曲线中得到的试样中腹泻性贝类毒素溶液浓度，单位为纳克每毫升（ng/mL）；

V ——样品溶液最终定容体积，单位为毫升（mL）；

f ——稀释因子；

m ——最终样品溶液所代表试样质量，单位为克（g）。

计算结果应扣除空白值。

以重复性条件下获得的两次独立测定结果的算术平均值表示，结果保留 3 位有效数字。

2. 毒性转换

按照国际惯例，腹泻性贝类毒素的毒性因子见表 2-6。试样中腹泻性贝类毒素的含量则按照毒性因子，统一转换为 OAeq 来表示，计算见式（2-3）：

$$\mathrm{OAeq} = \sum_{i=1}^{n} X_i \cdot r_i \quad \cdots\cdots (2-3)$$

式中：

X_i ——各种腹泻性贝类毒素的含量；

r_i ——毒性因子。

表 2-6　腹泻性贝类毒素毒性因子（*r*）

毒素	OA	DTX-1	DTX-2
毒性因子	1	1	0.6

七、精密度

在重复性条件下获得的两次独立测定结果的绝对差值不得超过算术平均值的 15%。

八、其他

本方法中，OA、DTX-1 和 DTX-2 的检出限均为 10.0 μg/kg；OA、DTX-1 和

DTX－2 的定量限均为 30.0μg/kg。图 2－4 为腹泻性贝类毒素检出限浓度扇贝样品的选择离子流图。

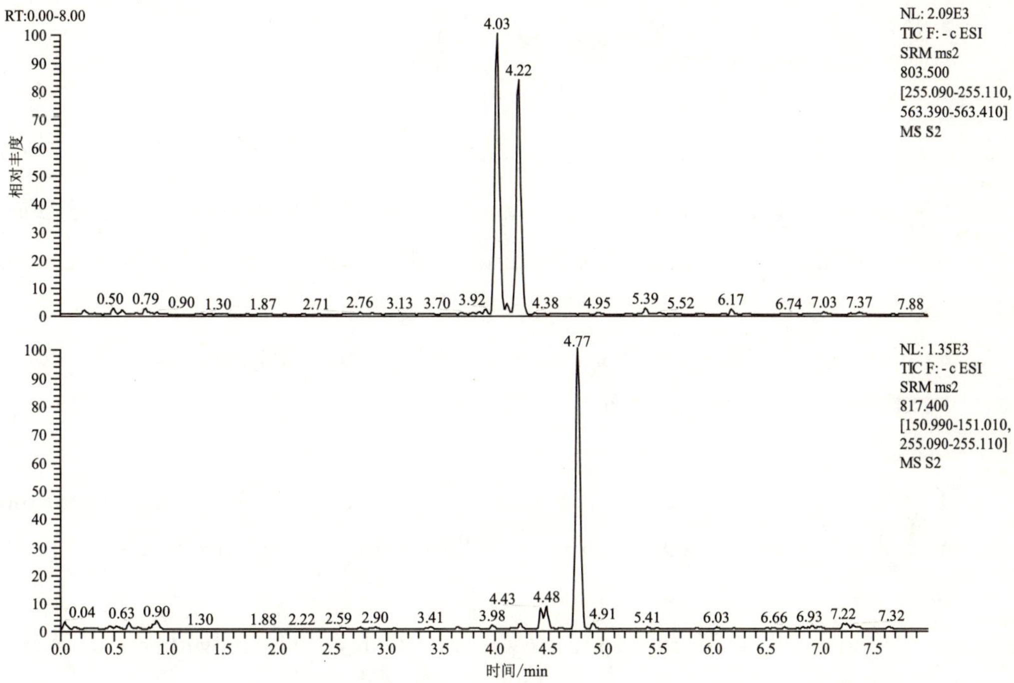

图 2－4　腹泻性贝类毒素检出限浓度扇贝样品的选择离子流图（10μg/kg）

参考文献

[1] Yasumoto T., Oshima Y., Sugawara W., et al., 1980. Identification of *Dinophusis fortii* as thc causative organism of diarrhetic shellfish poisoning. Bull. Jpn. Soc. Fish. 46, 1405－1411.

[2] Tachibana K., Scheuer P. J., Tsukitani Y., et al., 1981. Okadaic acid, a cytotoxic polyether from twomarine sponges of the genus Halichondria. J. Am. Chem. Sco. 103, 2469－2471.

[3] Murata M., Shimatani M., Sugitani H., et al., 1982. Isolation and structure elucidation of the causative toxin of diarrhetic shellfish poisoning. Bull. Jpn. Soc. Sci. Fish. 43, 549－552.

[4] Yasumoto T., Murata M., Lee J. S., et al., 1989. Polyether toxins produced by dinoflagellate. Mycotoxins and Phycotoxins 10, 375－382.

[5] Hu T., De Freitas A. S. W, et al., 1992. New diol esters (of okadaic acid) isolated from cultures of the dinoflagellates *Prorocentrum lima* and *Prorocentrum concavum*. J. Nat. Prod. 55, 1631－1637.

[6] Norte M., Padilla A., et al., 1994. Structural determination and biosynthetic origin of two ester derivatives of okadaic acid isolated from *Prorocentrum lima*. Tetrahedron 50, 9175－9180.

[7] Viviani R. 1992. Eutrophication, marine biotoxins, human health. Sci. Total Environ. Suppl. 631－632.

[8] Hallegraeff G. M., Anderson D. M. and Cembella A. D., 1995. Manual on harmful marine microalgae. Intergovernmental Oceanographic Commission, UNESCO.

[9] Wright J. L. C. 1995. Dealing with seafood toxins: present approaches and future options. Food Research International 28 (4), 347－358.

[10] http://paper.people.com.cn/xaq/htmL/2012－10/02/content_1137866.htm?div=－1.

[11] Fernández J. J., Candenas M. L., Souto K. L., et al., 2000. Okadiac acid, useful tool for studying cellular processes. Current Medicinal Chemistry.

［12］ Fernández M. L. and Cembella A. D. 1995. Part B. Mammalian bioassays. In Hallegraeff G. M.，et al.，［eds.］ Manual on harmful marine microalgae，pp213－228. IOC Manuals and Guides No. 33，UNESCO，Paris.

［13］野口玉雄．贝毒的对策问题．日本水产学会志，1994，60（5）．

第三章　麻痹性贝类毒素与检测

第一节　麻痹性贝类毒素概述

一、化学结构与理化性质

麻痹性贝毒（PSP）是目前分布最广、危害最大的一种藻毒素，是由甲藻产生的一类四氢嘌呤化合物的总称。早在 100 余年前人们开始研究分离纯化 PSP 毒素，最终使用离子交换色谱和小鼠生物分析监测，从阿拉斯加蛤 *Saxidomus giganteus* 体内分离得到毒素 saxitoxin（STX）。在 1975 年使用 X 射线晶体衍射法和核磁共振仪确定了 STX 的化学结构[1]后，又相继发现了 20 余种 STX 的衍生物，其化学结构如图 3－1 所示。PSP 毒素是含有两个胍基的三环化合物，根据分子结构中 R_4 基团的不同，可分为四类：（1）氨基甲酸酯类，包括石房蛤毒素（STX）、新石房蛤毒素（neoSTX）和膝沟藻毒素（GTX1－4）；（2）脱氧脱氨甲酰基类：包括 doSTX、doGTX2 和 doGTX3。（3）脱氨甲酰基类：包括 dcSTX、dcneoSTX 和 dcGTX1、dcGTX2、dcGTX3、dcGTX4。（4）N－磺酰胺甲酰基类：包括 B1（GTX5）、B2（GTX6）和 C1、C2、C3、C4。能够产生 PSP 毒素的甲藻主要是亚历山大藻属 *Alexandrium*（syn. *Gonyaulax* or *Protogonyaulax*）中的一些藻株，如塔玛亚历山大藻（*Alexandrium tamarense*）、微小亚历山大藻（*A. minutum*）（syn. *A. excavata*）、链状亚历山大藻（*A. catenella*）、联体亚历山大藻（*A. fraterculus*）、*A. fundyense* 和股状亚历山大藻（*A. cohorticula*）等。此外，巴哈马梨甲藻（*Pyrodinium bahamense*）和链状裸甲藻（*Gymnodinium catenatum*）也产生这些毒素。

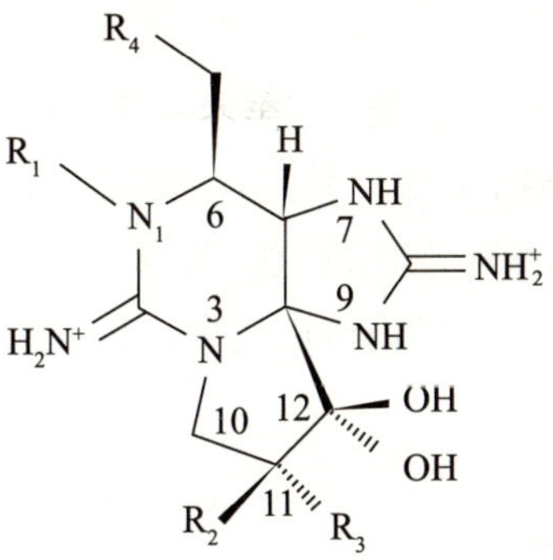

R1	R2	R3	R4	毒素	毒性 MU/μmol
H	H	H	$OCONH_2$	STX	2100
OH	H	H		NeoSTX	2300
OH	H	OSO_3^-		GTX1	1900
H	H	OSO_3^-		GTX2	1000
H	OSO_3^-	H		GTX3	1600
OH	OSO_3^-	H		GTX4	1900
H	H	OH		11-α-OH-STX	—
H	OH	H		11-β-OH-STX	—
H	H	H		doSTX	—
H	H	OSO_3^-		doGTX2	—
H	OSO_3^-	H		doGTX3	—
H	H	H	OH	dcSTX	900
OH	H	H		dcneoSTX	900
OH	H	OSO_3^-		dcGTX1	950
H	H	OSO_3^-		dcGTX2	380
H	OSO_3^-	H		dcGTX3	380
OH	OSO_{3-}	H		dcGTX4	950
H	H	H	$OCONHSO_3$	B1（GTX5）	150
OH	H	H		B2（GTX6）	150
OH	H	OSO_3^-		C_3	—
H	H	OSO_3^-		C_1	17
H	OSO_{3-}	H		C_2	258
OH	OSO_3^-	H		C_4	—
H	H	H	OCONHOH	hySTX	—
OH	H	H		hyneoSTX	—

图 3-1　麻痹性贝毒各成分的结构及毒性

PSP 是一类神经性毒素，其相对分子质量小，碱性，易溶于水，微溶于甲醇和乙醇，不溶于非极性溶剂。除 N-磺酰胺甲酰基类之外，在酸性条件下耐热稳定，在碱性条件下容易被氧化。PSP 的结构在常温下相对比较稳定，但其中的一些基团也会发生变化，如 C_{11} 位羟基磺酸盐基团的空间异构化。有毒藻中大量存在的 β 异构体可以转变成更加稳定的 α 异构体，在贝类组织内可以发生这种异构化，稳定后 α、β 异构体的比例趋于 3∶1[2]。

二、中毒途径与毒性

积累麻痹性贝类毒素的贝类主要是：日月贝、巨蛎、文蛤、贻贝和扇贝等，并且麻痹性贝类毒素在这些贝类消化器官中含量最高。另外，麻痹性贝类毒素中毒事件在夏季发生得最多。STX 的毒性很强，腹腔注射小鼠的半致死剂量为（9～11.6）μg/kg。各衍生物之间的毒性有很大的差异，总的毒性顺序是氨甲酰基类＞脱氨甲酰基类＞N-磺酰胺甲酰基类（图 3-1）。引起人轻度中毒的剂量为 304～4128μgSTX/人，引起重度中毒的剂量为 576～8272μgSTX/人[3]。

三、毒理作用

PSP 和河豚毒素的作用机制非常相似，都能够选择性阻断电压门控 Na^+ 通道，导致动作电位无法形成，其功能基团为 7，8，9 位的胍基，C_{12} 位的羟基基团起着非常重要的作用。

四、中毒表现

PSP 毒素可以通过口腔黏膜进入人体，使得嘴唇周围产生麻木感，这种感觉很快传至脸和颈部，然后四肢感到麻木，呼吸感到困难，并产生头疼、眩晕、恶心、呕吐、腹泻等症状，有时出现短暂的失明，严重者身体瘫痪，因窒息而亡。

第二节　小鼠生物检测技术

一、原理

方法采用小鼠生物法对 PSP 予以定量。根据小鼠腹腔注射贝类提取液后的死亡时间，查出鼠单位，并按小鼠体重，校正鼠单位（correctedmouse unit，CMU），计算确定每 100g 样品中 PSP 的鼠单位。以石房蛤毒素作为标准，将鼠单位换算成毒素的质量（μg），计算确定每 100g 贝肉内的 PSP 质量（μg）。所测定结果代表存在于贝肉内各种化学结构的 PSP 毒素总量。

二、试剂和材料

除非另有说明，本方法所用试剂均为分析纯，水为GB/T 6682规定的二级水。

2.1 氢氧化钠（NaOH）：将4.0g氢氧化钠（NaOH）溶于1L蒸馏水中。

2.2 盐酸（HCl）：分析纯。

2.2.1 盐酸溶液（0.18mol/L）：将15mL浓盐酸（HCL）用蒸馏水稀释至1L。

2.2.2 盐酸溶液（5mol/L）：将41.7mL浓盐酸用蒸馏水稀释至100mL。

2.3 无水乙醇（CH_3CH_2OH）：分析纯。

2.4 石房蛤毒素标准品（Saxitoxin，STX，$C_{10}H_{17}N_7O_4 \cdot 2HCl$）：纯度≥98.0%。

2.5 标准溶液的配制

2.5.1 石房蛤毒素贮备液（100μg/mL）：用蒸馏水配制20%（体积分数）的乙醇溶液，用5mol/L盐酸调节pH到2.0～4.0之间，备用。精确称取STX标准品，用上述溶液定容至STX浓度为100μg/mL。

2.5.2 石房蛤毒素工作液（1μg/mL）：准确吸取1mL石房蛤毒素贮备液，用蒸馏水稀释，调节pH在2.0～4.0之间，定容至100mL，该标准工作液可在3℃～4℃下稳定30天。

2.6 小鼠：体重为19g～21g的健康ICR系雄性小鼠。若小鼠重量＜19g或＞21g，则根据附录B表B.1得到小鼠体重校正系数。

三、仪器和设备

3.1 均质器。

3.2 电炉。

3.3 天平：感量0.1g，0.0001g。

3.4 离心机：转速≥2000r/min。

3.5 pH计或pH试纸。

3.6 一次性注射器：1mL。

四、分析步骤

4.1 试样制备

4.1.1 样品采集及保存

4.1.1.1 分析样品要有充分的代表性，应从足量（一般应2kg以上）的混合样品中挑选良好的贝类去壳，用于分析的去壳肉量应达200g以上。

4.1.1.2 不能及时送检的新鲜贝类，按4.1.2方法将贝肉分离，将沥水后的200g贝肉放入0.18mol/L、200mL的盐酸溶液中，置4℃冷藏保存，备检。

4.1.2 样品制备

4.1.2.1　牡蛎、蛤及贻贝

用清水将贝壳外表彻底洗净，切断闭壳肌，开壳，用蒸馏水淋洗内部去除泥沙及其他异物。将闭壳肌和连接在胶合部的组织分开，仔细取出贝肉，切勿割破贝体。严禁加热或用麻醉剂开壳。收集约 200g 肉分散置于筛子中沥水 5min（不要使肉堆积），检出碎壳等杂物，将贝肉粉碎备用。

4.1.2.2　扇贝

取可食部分用作检测，过程同 4.1.2.1。

4.1.2.3　冷冻贝类

在室温下，使冷冻的样品（带壳或脱壳的）自然融化，按 4.1.2.1 方法开壳、淋洗、取肉、粉碎、备用。

4.1.2.4　贝类罐头

将罐内所有内容物（肉及液体）倒入均质器中充分均质。如果是大罐，将贝肉沥水并收集沥下的液体分别称重并存放固形物和汤汁，将固形物和汤汁按原罐装比例混合，均质后备用。

4.1.2.5　用酸保存的贝肉

沥去酸液，分别存放贝肉及酸液，备用。

4.1.2.6　贝肉干制品

干制品可于等体积 0.18mol/L 盐酸溶液中浸泡（24～48）h（4℃冷藏），按方法沥干，分别存放贝肉和酸液备用。

4.2　测定步骤

4.2.1　PSP 标准品对照试验

4.2.1.1　PSP 标准工作液的配制

用 10mL、15mL、20mL、25mL 和 30mL 的蒸馏水分别稀释 1μg/mL 的石房蛤毒素标准工作液 10mL，配制成系列浓度的标准稀释液。

4.2.1.2　中位数死亡时间的标准液选择

取按 4.2.1.1 配制的系列浓度的标准稀释液各 1mL，腹腔注射小鼠数只，选择中位数死亡时间为 5min～7min 的浓度剂量。如某浓度稀释液已达到要求，还需以 1mL 蒸馏水的增减量进行补充稀释试验。例如：用 25mL 蒸馏水稀释的 10mL 标准液在 5min～7min 杀死小鼠，还需进行 24mL＋10mL 和 26mL＋10mL 稀释度的试验。

每只小鼠试验前称重，以 10 只小鼠为一组，用中位数死亡时间在 5min～7min 范围内的二个浓度含量的标准稀释液注射小鼠，测定并记录每只小鼠腹腔注射完毕至停止呼吸的所需死亡时间。

4.2.1.3　毒素转换系数（conversion factor，CF）的计算

4.2.1.3.1　小鼠中位数死亡时间的选择

计算所选择浓度的标准稀释液受试组中位数死亡时间。弃去中位数死亡时间小于 5min 或大于 7min 的受试组；选择中位数死亡时间在 5min～7min 的受试组，该受试组

中可有个别小鼠的死亡时间可小于 5min 或大于 7min。

4.2.1.3.2　校正鼠单位（CMU）的计算

对于所选定的中位数死亡时间为 5min～7min 的受试组，根据附录 A 查得组中每只小鼠死亡时间所对应的鼠单位（MU），再根据附录 B 查得组中每只小鼠体重所对应的体重校正系数，同一只小鼠的体重校正系数与鼠单位相乘得该只受试小鼠的校正鼠单位（CMU）。

4.2.1.3.3　毒素转换系数（CF）的计算

对于选定的受试组，用该受试组所选稀释液每毫升实际毒素（μg）（以石房蛤毒素为例计算），除以受试组中每只小鼠的 CMU 值，得到单只小鼠的毒素转换系数（CF），计算见公式（3－1），再计算每组 10 只小鼠的平均 CF 值，即为组内毒素转换系数。

$$\mathrm{CF}=\frac{C}{\mathrm{CMU}} \quad \cdots\cdots\cdots\cdots (3-1)$$

式中：

CF——毒素转换系数；

C——每毫升 STX 实际毒素含量，单位为微克每毫升（μg/mL）；

CMU——校正鼠单位。

4.2.1.3.4　组间毒素转换系数（CF）的计算

取不同受试组组内毒素转换系数的平均值，即为组间毒素转换系数。以组间毒素转换系数进行 5.1 中检测样品的毒力计算。

4.2.1.3.5　CF 值定期检查

如 PSP 检测间隔时间较长，每次测定时要用适当的标准稀释液注射 5 只小鼠，重新测定 CF 值。如果一周有几次检测，则用中位数死亡时间 5min～7min 的标准稀释液每周检查一次，测得的 CF 值应在原测定 CF 值的±20％范围内。若结果不符，用同样的标准稀释液另外注射 5 只小鼠，综合先前注射的 5 只小鼠结果，算出 CF 值。并用同样的标准稀释液注射第二组 10 只小鼠，将第二组求出的 CF 值和第一组的 CF 值进行平均，即为一个新的 CF 值。

重复检查的 CF 值通常在原结果的±20％之内，若经常发现有较大偏差，在进行常规检测前应调查该方法中是否存在未控制或未意识到的可变因素。

4.2.2　试样提取

4.2.2.1　取 100 g 按 4.1.2.1、4.1.2.2、4.1.2.3、4.1.2.4 处理的样品于 800mL 烧杯中，加 0.18mol/L 盐酸溶液 100mL 充分搅拌，均质，调整 pH 在 2.0～4.0 范围内；按 4.1.2.5 或 4.1.2.6 和 4.1.1.2 处理的样品，取 100g 贝肉，加入相应的酸液 100mL，调 pH 为 2.0～4.0 后均质。必要时，可逐滴加入 5mol/L 盐酸溶液或 0.1mol/L氢氧化钠溶液调整 pH，加碱时速度要慢，同时需不断搅拌，防止局部碱化破坏毒素。

4.2.2.2　将混合物加热煮沸 5min，冷却至室温，将混合物移至量筒中并稀释至

200mL，调节 pH 至 2.0～4.0（pH 值切勿>4.5）。

4.2.2.3 将混合物倒回烧杯，搅拌均匀，自然沉降至上清液呈半透明状，不堵塞注射针头即可，必要时将混合物或上清液以 3000r/min 离心 5min，或用滤纸过滤。收集上清液备用。

4.2.3 小鼠试验

4.2.3.1 取 19.0 g ～21.0 g 健康 ICR 雄性小鼠 6 只，称重并记录重量。随机分为实验组和空白对照组（0.18mol/L 盐酸）两组，每组三只。

4.2.3.2 对每只试验小鼠腹腔注射 1mL 提取液或空白对照液。注射过程中若有一滴以上提取液溢出，须将该只小鼠丢弃，并重新注射一只小鼠。

4.2.3.3 记录注射完毕时间，仔细观察并记录小鼠停止呼吸时的死亡时间（到小鼠呼出最后一口气止）。

4.2.3.4 若注射样品原液后，1 只或 2 只小鼠的死亡时间大于 7min，则需再注射至少三只小鼠以确定样品的毒力。

4.2.3.5 若小鼠的死亡时间小于 5min，则要稀释样品提取液后，再注射另一组小鼠（3 只），直至得到 5min～7min 的死亡时间；稀释提取液时，要逐滴加入 0.18mol/L 盐酸溶液，调节 pH 至 2.0～4.0。

五、分析结果表述

5.1 PSP 毒力的计算与结果表述

5.1.1 PSP 毒力的计算

每 100g 样品中 PSP 的含量按公式（3－2）计算。

$$X = CMU_1 \times CF \times DF \times 200 \quad\cdots\cdots\cdots\cdots\cdots\cdots\cdots\cdots \quad (3-2)$$

式中：

X ——每 100g 样品中 PSP 的含量，单位为微克每百克（μg/100g）；

CMU_1 ——检测样品受试组小鼠的中位数校正鼠单位；

CF ——毒素转换系数；

DF ——稀释倍数；

200 ——表示样品提取液定容的体积，单位为毫升（mL）（提示：4.2.2.2 操作中该定容体积为 200mL）。

5.1.2 PSP 毒力的结果表述

若空白对照组小鼠正常，则报告待测样品中 PSP 毒素含量为：××× μg/100g。

5.2 MU 毒力的计算与结果判断

5.2.1 MU 毒力的计算

对于取得麻痹性贝类毒素标准品有困难的实验室，可按公式（3－3），使用鼠单位 MU 对检验结果进行计算。

$$Y = CMU_1 \times DF \times 200 \quad\cdots\cdots\cdots\cdots\cdots\cdots\cdots\cdots\cdots \quad (3-3)$$

式中：

Y ——每 100g 样品的 MU 值，单位为鼠单位每百克（MU/100g）；

CMU_1 ——检测样品受试组小鼠的中位数校正鼠单位；

DF ——稀释倍数；

200——表示样品提取液定容的体积，单位为毫升（mL）（提示：4.2.2.2 操作中该定容体积为 200mL）。

注：检验结果的仲裁以 5.1 为准。

5.2.2 MU 毒力的判断与结果表述

在空白对照组小鼠正常的情况下进行如下判断和表述：

若小鼠的死亡时间大于 60min，则待测样品的鼠单位即相当小于 0.875MU/g。

若实验组中位数死亡时间小于 5min，则应对样品提取液进行稀释，再选取 3 只小鼠进行试验，直至得到中位数死亡时间为 5min～7min 为止，根据最后的稀释液实验结果计算样品的鼠单位毒力，报告该样品的鼠单位为：×××MU/100g。

若实验组中位数死亡时间大于 7min，则直接计算确定样品鼠单位毒力，报告该样品的鼠单位为：×××MU/100 g。

若实验组中所有小鼠在观察 15min 内均不死亡，则也可报告该样品的鼠单位小于 400MU/100 g。

5.3 毒力单位转换

样品中的毒力单位按公式（3－4）计算。

$$CF \times 80\mu g/100g = 400MU/100g \quad \cdots\cdots\cdots\cdots\cdots\cdots\cdots (3-4)$$

式中：

CF ——毒素转换系数；

$80\mu g/100g$ ——样品中 PSP 限量（$\mu g/100g$）；

400MU/100g ——样品中 PSP 限量（MU/100g）。

六、其他

为避免毒素的危害，应戴手套进行检验操作。移液管等用过的器材应在 5%的次氯酸钠溶液中浸泡 1h 以上，以使毒素分解。同样，废弃的提取液等也应以 5%次氯酸钠溶液处理。对于动物实验过程中产生的污水、废弃物及动物尸体处理，应参照《实验动物 环境及设施》（GB 14925）执行。

第三节 酶联免疫检测技术

一、原理

本方法的测定基础是竞争性酶联免疫吸附试验反应。游离麻痹性贝类毒素与麻痹性贝类毒素酶标记物竞争麻痹性贝类毒素抗体，同时麻痹性贝类毒素抗体与捕捉抗体连接。没有被结合的酶标记物在洗涤步骤中被除去。结合的酶标记物将无色的发色剂转化为蓝色的产物。加入反应停止液后使颜色由蓝转变为黄色。在450nm波长的酶标仪测量微孔溶液的吸光度值，样品中的麻痹性贝类毒素溶液与吸光度值成反比，按绘制的校正曲线定量计算。

二、试剂和材料

除另有规定外，所有化学试剂均为分析纯，水为重蒸馏水。

2.1　0.1mol/L盐酸。

2.2　5mol/L盐酸。

2.3　半对数坐标纸。

2.4　标准物质浓缩液：经酸化，含有20%乙醇作为保护液，冷藏时，无限期稳定。

2.5　酶标记物浓缩液。

2.6　抗体浓缩液。

2.7　基质（过氧化尿素）/发色剂（四甲基联苯胺）。

2.8　反应终止液：1mol/L硫酸。

2.9　商业化试剂盒若评价技术参数达到本方法的要求则也适用于本方法（附录D)。

三、仪器和设备

3.1　酶标仪：450nm。

3.2　均质器。

3.3　离心机：4℃ 3000*g*。

3.4　微量加样器：50μL，100μL，500μL，

3.5　微量多通道加样器：50μL，100μL。

四、分析步骤

4.1　试样制备

4.1.1　牡砺、蛤及贻贝

用清水将贝壳外表彻底洗净，切断闭壳肌，开壳，用重蒸馏水淋洗内部去除泥沙及其他外来物。将闭壳肌和连接在胶合部的组织分开，仔细取出贝肉，切勿割破肉体。开壳前不要加热或用麻醉剂。收集约200g肉置于筛子中沥水5min（不要使肉堆积），检出碎壳等杂物，将贝肉均质。

4.1.2　扇贝

取可食部分用作检测。沥干及均质过程同4.1.1。

4.1.3　贝类罐头

将罐内所有内容物（肉及液体）倒入均质器充分均质。如果是大罐，将贝肉沥水并收集沥下的液体，分别称重，将固形物和汤汁按比例（1∶1）混合，充分均质。

4.1.4　用酸保存的贝肉

沥去酸液，分别存放贝肉及酸液，将沥干的贝肉充分均质。

4.1.5　冷冻贝类

在室温下，使冷冻的样品（带壳或脱壳的）呈半冷冻状态，按4.1.1方法开壳、淋洗、取肉、均质。

4.2　试样的提取和净化

称取10.0g试样（精确至0.1g），加入70mL 0.1mol/L盐酸溶液（如果样品为较干燥的贝肉，加入140mL 0.1mol/L盐酸溶液，稀释系数等同），煮沸并搅拌5min，4℃3500×g离心10min，离心后控制pH值，用5mol/L盐酸溶液调节到4.0以下，取100μL上清液，用缓冲液按1∶10稀释（1+9），取50μL按4.3进行酶联免疫测定。此时的稀释倍数是80。高浓度的样品，如超出标准曲线范围，可进一步用缓冲液稀释，直至样品浓度在标准曲线范围以内。

4.3　酶联免疫测定

将足够数量的微孔条插入微孔架（标准液和样液分别做复孔），记录标准液和样液的位置。加入6个适当的麻痹性贝类毒素标准液和样液各50μL到各微孔，加入50μL麻痹性贝类毒素酶标记物至每个微孔，轻轻混合，再加入50μL麻痹性贝类毒素抗体，彻底混合，用粘胶纸封住微孔以防溶液挥发，于20℃～25℃黑暗避光处孵育15min。将微孔架倒置在吸水纸上拍打数次，以保证完全除去微孔中的液体，每个微孔注满重蒸馏水冲洗后拍干，再重复以上洗板操作5次。加入100 μL基质/发色试剂至每个微孔中，轻拍混匀，于20℃～25℃黑暗避光处孵育15min。加入100μL反应终止液至每个微孔中，轻拍混匀后，以空白调零，测量并记录每个微孔溶液450nm波长的吸光度值。

五、分析结果的计算与表述

5.1　计算百分比吸光度值

计算麻痹性贝类毒素标准液和样液的平均吸光度值，按公式（3－5）分别求得每个麻痹性贝类毒素标准液和样液的百分比吸光度值：

$$A = \frac{S}{S_0} \times 100\% \quad \cdots\cdots\cdots\cdots (3-5)$$

式中：

A——百分比吸光度值；

S——6个适当的麻痹性贝类毒素标准液或样液的平均吸光度值；

S_0——0μg/kg的麻痹性贝类毒素标准液的平均吸光度值。

5.2　绘制校正曲线

以百分比吸光度值（算术级）为纵坐标，以麻痹性贝类毒素溶液浓度（μg/kg）（对数级）为横坐标，绘制出麻痹性贝类毒素标准液百分比吸光度值与麻痹性贝类毒素溶液浓度的校正曲线。每次试验均应重新绘制校正曲线。

5.3　结果的计算

在5.2绘制的标准曲线上，读取样液百分比吸光度值所对应的麻痹性贝类毒素浓度即为试样中麻痹性贝类毒素含量（μg/kg）。为了获取样品中麻痹性贝类毒素的实际浓度（μg/kg），从校正曲线上读出的浓度值必须乘以相对应的稀释系数。

5.4　结果的表述

当测定值小于50μg/kg时，则报告麻痹性贝类毒素含量为小于50μg/kg。

当测定值大于等于50μg/kg时，则报告麻痹性贝类毒素实际测定值。

六、其他

6.1　测定低限

方法的测定低限为50μg/kg。

6.2　回收率

方法的回收率为90%。

6.3　健康和安全

任何麻痹性贝类毒素含量值大于800μg/kg（国际惯例表示方式为80μg/100g）的样品即被认为是有害的，对人类食用不安全。

标准液含有麻痹性贝类毒素，应特别小心，避免接触。

反应终止液为1mol/L硫酸，避免接触皮肤。

第四节　高效液相色谱法

一、原理

试样中的麻痹性贝类毒素用0.1mol/L的盐酸提取，离心后，将上清液过C_{18}固相萃取柱净化，再经过相对分子质量为10 000的分子筛超滤离心管过滤，滤液用高效液相色谱进行分离，经在线柱后衍生反应后，进行荧光检测，外标法定量。

二、试剂和材料

除非另有说明，本方法所用试剂均为分析纯，水为GB/T 6682规定的一级水。

2.1　乙腈：色谱纯。

2.2　无水乙酸。

2.3　盐酸：36%～38%（质量分数）。

2.4　庚烷磺酸钠。

2.5　磷酸：85％（质量分数）。

2.6　二水合高碘酸。

2.7　磷酸氢二钾。

2.8　氢氧化钾。

2.9　氨水。

2.10　100mmol/L 庚烷磺酸钠溶液：称取 20.2g 庚烷磺酸钠（2.4），用水溶解定容至 1000mL。

2.11　500mmol/L 磷酸溶液：称取 49.0g 磷酸（2.5），用水溶解定容至 1000mL。

2.12　250mmol/L 磷酸氢二钾溶液：称取 43.5g 磷酸氢二钾（2.7），用水溶解定容至 1000mL。

2.13　1.0mol/L 氢氧化钾溶液：称取 56.1g 氢氧化钾（2.8），用水溶解定容至 1000mL。

2.14　500mmol/L 高碘酸溶液：称取 114.0g 二水合高碘酸（2.6），用水溶解定容至 1000mL。

2.15　1.0mol/L 乙酸溶液：称取 60.0g 无水乙酸（2.2），用水溶解定容至 1000mL。

2.16　0.01mol/L 乙酸溶液：量取 10.0mL 1.0mol/L 乙酸溶液（2.15），用水稀释定容至 1000mL。

2.17　0.1mol/L 盐酸溶液：量取 9.0mL 盐酸（2.3），用水稀释定容至 1000mL。

2.18　标准溶液：麻痹性贝类毒素 GTX1，4、GTX2，3、dcGTX2，3、B1（GTX5）、neoSTX、STX、dcSTX 标准溶液，避光保存于－20℃以下。

2.19　标准储备液：将标准溶液用 0.01mol/L 乙酸溶液（2.16）稀释成一定浓度的标准储备液，避光保存于－20℃以下。

2.20　混合标准溶液：分别准确吸取适量各标准储备液，用 0.01mol/L 乙酸溶液（2.16）配成所需浓度的混合标准溶液，现配现用。

2.21　流动相 A：量取 15.0mL 100mmol/L 庚烷磺酸钠溶液（2.10）、8.5mL 500mmol/L 磷酸溶液（2.11），用约 450mL 水稀释，用氨水（2.9）调 pH 至 7.2，用水定容到 500mL，过 0.45μm 滤膜。

2.22　流动相 B：量取 20.0mL 100mmol/L 庚烷磺酸钠溶液（2.10）、45.0mL 500mmol/L 磷酸溶液（2.11），用约 450mL 水稀释，用氨水（2.9）调 pH 至 7.2，用水定容到 500mL，过 0.45μm 滤膜。

2.23　氧化液：量取 10.0mL 500mmol/L 高碘酸（2.14）、100mL 250mmol/L 磷酸氢二钾溶液（2.12），用约 450mL 水溶解，用 1.0mol/L 氢氧化钾溶液（2.13）调 pH 至 9.0，用水定容到 500mL。

2.24 中和液：1.0mol/L 乙酸溶液（2.15）。

2.25 C_{18}固相萃取柱：Sep - Pak Vac C_{18}①，3mL，或相当者。

2.26 滤膜：0.45μm。

三、仪器和设备

3.1 高效液相色谱仪：配有荧光检测器，柱后衍生反应装置。

3.2 离心机：转速≥2000r/min。

3.3 固相萃取装置。

3.4 旋涡震荡器。

3.5 恒温水浴锅。

3.6 超滤离心管：相对分子质量 10000：Millipore YM - 10②，0.5mL，或相当者。

3.7 pH 计。

3.8 具塞离心管：15mL。

3.9 刻度玻璃离心管：10mL。

四、分析步骤

4.1 试样制备与保存

从所取全部样品中取出有代表性样品可食部分约 500g，充分捣碎均匀，均分成两份，分别装入洁净容器中，密封，并标明标记。

在制样的操作过程中，应防止样品污染或发生残留物含量的变化。

试样置于−18℃以下避光保存。

4.2 试样提取

准确称取 5g 试样，精确至 0.01g，于 15mL 具塞离心管中，加入 10mL 0.1mol/L 盐酸溶液（2.17），振荡均匀。将离心管置于 100℃的沸水浴中，加热 5min，冷却后，以 5000r/min 离心 10min。

4.3 试样净化

C_{18}固相萃取柱（2.25）使用前依次用 6.0mL 甲醇和 6.0mL 水活化，将离心得到的上清液过柱，收集流出液，用水定容至 10mL。取约 1mL 收集液，于相对分子质量 10000 的超滤离心管（3.6）中离心，滤液供液相色谱测定。

4.4 仪器参考条件

4.4.1 液相色谱参考条件

a）色谱柱：Inertsil C8 - 3（250mm×4.6mm，5μm），或相当者。

---

① Sep - Pak Vac C_{18}固相萃取柱是 Waters 公司产品的商品名称，给出这一信息是为了方便本方法的使用者，并不是表示对该产品的认可。如果其他等效产品具有相同的效果，则可使用这些等效产品。

② Millipore YM - 10 超滤离心管是 Millipore 公司产品的商品名称，给出这一信息是为了方便本方法的使用者，并不是表示对该产品的认可。如果其他等效产品具有相同的效果，则可使用这些等效产品。

b）色谱柱温度：30℃。

c）流动相：流动相 A（2.21），流动相 B（2.22），流动相 C：乙腈（2.1）。

d）流动相时间梯度，见表 3－1。

表 3－1　流动相时间梯度

时间/min	流动相 A/%	流动相 B/%	流动相 C/%	流速/(mL/min)
0	100	0	0	1.0
20.0	100	0	0	1.0
20.5	0	93.5	6.5	0.9
45.0	0	93.5	6.5	0.9
45.5	100	0	0	1.0
60.0	100	0	0	1.0

e）柱后衍生：氧化液（2.23），中和液（2.24），反应温度：50℃，反应液流速梯度见表 3－2。

表 3－2　柱后衍生反应液流速梯度　　mL/min

反应液	时间					
	0min	25min	25.5min	45min	45.5min	60min
氧化液	0.4	0.4	0.8	0.8	0.4	0.4
中和液	0.4	0.4	0.8	0.8	0.4	0.4

f）荧光检测：激发波长 330nm，发射波长 390nm；

g）进样量：10μL。

4.4.2　色谱测定

根据样液中麻痹性贝类毒素的含量情况，选定峰面积相近的标准工作液。标准工作液和样液中麻痹性贝类毒素的响应值均应在仪器检测的线性范围内。标准工作液和样液等体积参插进样测定。在上述色谱条件下，标准品的色谱图见附录 E 中的图 E.1。

4.4.3　空白实验

除不加试样外，均按上述测定步骤进行。

4.4.4　平行试验

按以上步骤，对同一试样进行平行试验测定。

4.4.5　回收率试验

阴性样品中添加标准溶液，按 4.2 和 4.3 操作，测定后计算样品添加的回收率。本方法中 10 种麻痹性贝类毒素添加浓度及其回收率范围的试验数据参见附录 F 中的表 F.1。

五、分析结果表述

5.1　结果计算

样品中各种麻痹性贝类毒素的含量按式（3-6）计算。

$$X = c \times \frac{V}{m} \times \frac{1000}{1000} \quad \cdots\cdots (3-6)$$

式中：

X——试样中被测组分残留量，单位为微克每千克（μg/kg）；

c——从标准工作曲线上得到的被测组分溶液浓度，单位为纳克每毫升（ng/mL）；

V——样品溶液定容体积，单位为毫升（mL）；

m——样品溶液所代表试样的质量，单位为克（g）。

计算结果应扣除空白值。

5.2　毒性转换

按照国际惯例，STX毒素的毒性因子被设为1，其他各种麻痹性毒素按照相对于STX的毒性大小来确定毒性因子（如表3-3所示）；样品中麻痹性贝类毒素的含量则按照毒性因子，统一转换为STXeq来表示，计算公式见式（3-7）：

$$\text{STXeq} = \sum_{i=1}^{n} X_i \cdot r_i \quad \cdots\cdots (3-7)$$

式中：

X_i——各种麻痹性贝类毒素的含量；

r_i——毒性因子。

表3-3　麻痹性贝类毒素毒性因子

毒素	GTX1	GTX4	GTX2	GTX3	dcGTX2	dcGTX3	GTX5（B1）	neoSTX	STX	dcSTX
毒性因子	0.99	0.73	0.36	0.64	0.65	0.75	0.06	0.92	1	0.51

六、精密度

6.1　一般规定

本部分的精密度数据是按照GB/T 6379.1和GB/T 6379.2的规定确定的，重复性和再现性的值以95%的可信度来计算。

6.2　重复性

在重复性条件下，获得的两次独立测试结果的绝对差值不超过重复性限r，元贝和扇贝中10种麻痹性贝类毒素的添加浓度范围及重复性方程见表3-4。

表 3-4　添加浓度范围及重复性和再现性方程　μg/kg

化合物名称	添加浓度范围	样品基质	重复性限 r	再现性限 R
GTX4	16.7～467	元贝	$\lg r=0.8500\lg m-0.8188$	$\lg R=0.8591\lg m-0.6088$
		扇贝	$\lg r=0.8539\lg m-0.9002$	$\lg R=0.7293\lg m-0.5067$
GTX1	50.7～507	元贝	$\lg r=1.1306\lg m-1.443$	$\lg R=0.8972\lg m-0.7528$
		扇贝	$\lg r=0.969\lg m-1.1867$	$\lg R=0.7196\lg m-0.5286$
dcGTX3	4.8～48	元贝	$\lg r=1.1546\lg m-1.1726$	$\lg R=0.9646\lg m-0.8163$
		扇贝	$\lg r=1.3927\lg m-1.7253$	$\lg R=0.9323\lg m-0.9648$
B1	31.9～319	元贝	$\lg r=0.8315\lg m-0.6425$	$\lg R=0.8174\lg m-0.5147$
		扇贝	$\lg r=0.9016\lg m-0.8929$	$\lg R=0.7068\lg m-0.4729$
dcGTX2	17.3～173	元贝	$\lg r=0.9312\lg m-0.8304$	$\lg R=0.8573\lg m-0.6391$
		扇贝	$\lg r=0.8868\lg m-0.7943$	$\lg R=0.7262\lg m-0.4253$
GTX3	6.5～65	元贝	$\lg r=0.922\lg m-0.7962$	$\lg R=0.9336\lg m-0.7881$
		扇贝	$\lg r=0.8927\lg m-0.7661$	$\lg R=0.8415\lg m-0.5554$
GTX2	19.6～196	元贝	$\lg r=0.9129\lg m-0.869$	$\lg R=1.1636\lg m-1.177$
		扇贝	$\lg r=0.8554\lg m-0.802$	$\lg R=0.6884\lg m-0.4122$
neoSTX	15.7～157	元贝	$\lg r=0.8441\lg m-0.5777$	$\lg R=0.8394\lg m-0.5405$
		扇贝	$\lg r=0.6535\lg m-0.2342$	$\lg R=0.702\lg m-0.3294$
dcSTX	12.5～125	元贝	$\lg r=0.9042\lg m-0.8163$	$\lg R=0.8585\lg m-0.6523$
		扇贝	$\lg r=0.7435\lg m-0.5299$	$\lg R=0.7552\lg m-0.4355$
STX	14.5～145	元贝	$\lg r=0.8132\lg m-0.6609$	$\lg R=0.6211\lg m-0.3105$
		扇贝	$\lg r=0.9079\lg m-0.8351$	$\lg R=0.7346\lg m-0.4503$
注：m 为两次测定结果的算术平均值。				

如果差值超过重复性限，应舍弃试验结果并重新完成两次单个试验的测定。

6.3　再现性

在再现性条件下，获得的两次独立测试结果的绝对差值不超过再现性限 R，元贝和扇贝中 10 种麻痹性贝类毒素的添加浓度范围及再现性方程见表 3-4。

七、其他

方法的测定低限：GTX4 为 16.7μg/kg；GTX1 为 50.7μg/kg；dcGTX3 为 4.8μg/kg；B1 为 31.9μg/kg；dcGTX2 为 17.3μg/kg；GTX3 为 6.5μg/kg；GTX2 为 19.6μg/kg；neoSTX 为 15.7μg/kg；dcSTX 为 12.5μg/kg；STX 为 14.5μg/kg；合麻痹性贝类毒素总量（STXeq）为 125μg/kg。

附录 A
（规范性附录）
麻痹性贝类毒素死亡时间-鼠单位的关系

麻痹性贝类毒素死亡时间-鼠单位的关系见表 A.1。

表 A.1 麻痹性贝类毒素死亡时间-鼠单位的关系

时间/分秒	鼠单位/MU	时间/分秒	鼠单位/MU
1：00	100	2：55	3.88
1：10	66.2	3：00	3.70
1：15	38.3	3：05	3.57
1：20	26.4	3：10	3.43
1：25	20.7	3：15	3.31
1：30	16.5	3：20	3.19
1：35	13.9	3：25	3.08
1：40	11.9	3：30	2.98
1：45	10.4	3：35	2.88
1：50	9.33	3：40	2.79
1：55	8.42	3：45	2.71
2：00	7.67	3：50	2.63
2：05	7.04	3：55	2.56
2：10	6.52	4：00	2.50
2：15	6.06	4：05	2.44
2：20	5.66	4：10	2.38
2：25	5.32	4：15	2.32
2：30	5.00	4：20	2.26
2：35	4.73	4：25	2.21
2：40	4.48	4：30	2.16
2：45	4.26	4：35	2.12
2：50	4.06	4：40	2.08

表 A.1（续）

时间/分秒	鼠单位/MU	时间/分秒	鼠单位/MU
4：45	2.04	9：30	1.13
4：50	2.00	10：00	1.11
4：55	1.96	10：30	1.09
5：00	1.92	11：00	1.075
5：05	1.89	11：30	1.06
5：10	1.86	12：00	1.05
5：15	1.83	13：00	1.03
5：20	1.80	14：00	1.015
5：30	1.74	15：00	1.000
5：40	1.69	16：00	0.99
5：45	1.67	17：00	0.98
5：50	1.64	18：00	0.972
6：00	1.60	19：00	0.965
6：15	1.54	20：00	0.96
6：30	1.48	21：00	0.954
6：45	1.43	22：00	0.948
7：00	1.39	23：00	0.942
7：15	1.35	24：00	0.937
7：30	1.31	25：00	0.934
7：45	1.28	30：00	0.917
8：00	1.25	40：00	0.898
8：15	1.22	60：00	0.875
8：30	1.20		
8：45	1.18		
9：00	1.16		

附录 B
(规范性附录)
小鼠体重校正表

小鼠体重校正系数见表 B.1。

表 B.1　小鼠体重校正表

小鼠体重/g	校正系数
10	0.5
10.5	0.53
11	0.56
11.5	0.59
12	0.62
12.5	0.65
13	0.675
13.5	0.70
14	0.73
14.5	0.76
15	0.785
15.5	0.81
16	0.84
16.5	0.86
17	0.88
17.5	0.905
18	0.93
18.5	0.95
19	0.97
19.5	0.985
20	1.000
20.5	1.015
21	1.03
21.5	1.04
22	1.05
22.5	1.06
23	1.07

附录 C
（资料性附录）
ICR 小鼠的定义

C.1　ICR 小鼠的定义

ICR 小鼠是 Hauschka 用 Swiss 小鼠群以多产为目标，进行选育，以后美国癌症研究所（Institute of Cancer Research）分送各国饲养实验，各国称为 ICR。

中国科学院遗传研究所在 1973 年从日本国立肿瘤研究所引进，1979 年中国医学科学院分院动物中心引进，1978 年北京检定所引进，1983 年上海计划生育研究所从瑞士苏黎世毒理学研究所引进。

品种特征：毛色白化。适应性强，体格健壮，繁殖力强，生长速度快，实验重复性较好，雌鼠自发性畸胎瘤和管状腺瘤发病率为 0%～1%，用氨基甲酸乙酯诱发时，11～16 天胚胎期畸胎瘤和管状腺瘤发病率为 5.9%，离乳个体管状腺瘤和囊瘤发生率为 30%，孕鼠为 3%。是国际通用的封闭群小鼠。我国从美国、日本、英国、瑞士等国引进的 ICR，各群体之间在遗传特性方面不可避免地出现了一些差异，在应用时应注意。ICR/JCL 小鼠是进行免疫药物筛选，复制病理模型较常用的实验动物。外周血象和骨髓细胞，具有较好的稳定性，是良好的血液学实验用动物。已广泛用于药理、毒理、肿瘤、放射性、食品、生物制品等的科研、生产和教学，与我国自行选育的昆明小鼠很类似。

附录D
商业化试剂盒评价技术参数

D.1 测定低限

测定低限为50μg/kg。

D.2 回收率

回收率为90%。

D.3 重现性

标准品变异系数≤10%，样品变异系数≤15%。

D.4 交叉反应率

检测STX特异性达到100%；检测dcSTX特异性达到29%；检测GTX 2/3特异性达到23%；检测GTX 5B特异性达到23%；

与其他海藻毒素没有交叉反应。

附录 E
（资料性附录）
标准物质液相色谱图

10 种麻痹性贝类毒素标准物质液相色谱图见图 E.1。

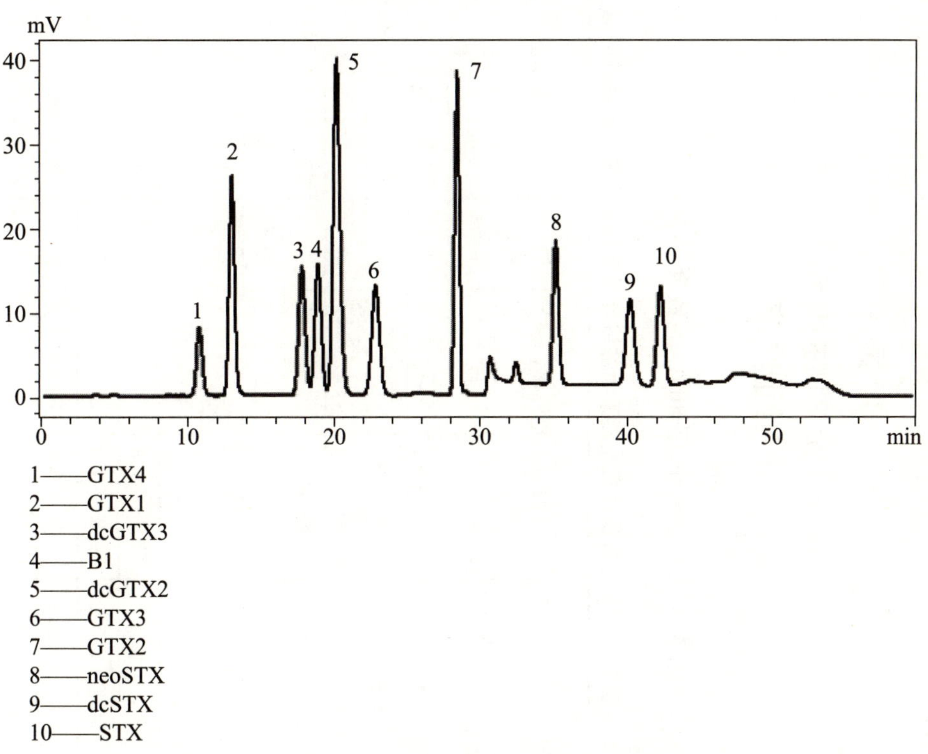

1——GTX4
2——GTX1
3——dcGTX3
4——B1
5——dcGTX2
6——GTX3
7——GTX2
8——neoSTX
9——dcSTX
10——STX

图 E.1　10 种麻痹性贝类毒素标准物质液相色谱图

附录 F
（资料性附录）
回收率

本方法中 10 种麻痹性贝类毒素添加浓度及其回收率范围的试验数据见表 F.1。

表 F.1　10 种麻痹性贝类毒素添加浓度及其回收率范围的试验数据

项目名称	添加水平 μg/kg	回收率范围/%		添加水平 μg/kg	回收率范围/%		添加水平 μg/kg	回收率范围/%		添加水平 μg/kg	回收率范围/%	
		元贝	扇贝		元贝	扇贝		元贝	扇贝		元贝	扇贝
GTX4	16.7	73.7～95.8	76.6～93.4	33.4	75.7～94.3	80.5～97.3	100	82.7～88.5	80.5～86.3	167	76.6～92.8	76.6～93.4
GTX1	50.7	80.7～92.3	80.1～91.3	101	80.1～86.1	79.5～86.7	304	78.3～87.8	80.6～87.2	507	80.5～91.3	80.5～91.3
DcGTX3	4.8	79.4～95.4	81.7～90.6	9.60	82.2～87.4	83.2～88.5	28.8	79.2～93.1	82.6～92.4	48	76.0～95.4	76.0～95.4
B1	31.9	80.9～89.3	78.1～90.3	63.8	79.8～86.2	79.8～86.7	191	81.7～86.9	82.2～86.4	319	78.1～90.3	78.1～90.3
DcGTX2	17.3	68.8～98.3	69.4～94.2	34.6	77.5～98.3	78.9～92.5	104	75.0～84.2	76.4～83.7	173	72.3～94.2	72.3～94.2
GTX3	6.5	71.5～97.4	71.7～96.2	13.0	74.5～103.8	75.4～96.9	39.0	71.3～94.9	73.1～93.6	65	75.2～97.4	75.2～97.4
GTX2	19.6	78.1～94.9	76.0～91.8	39.2	75.3～94.6	75.0～91.8	118	79.1～87.7	79.5～87.8	196	76.0～89.8	76.0～91.8
neoSTX	15.7	62.4～96.8	67.5～97.5	31.4	71.7～94.9	72.3～96.2	94.2	78.0～89.4	78.0～90.2	157	78.3～100.6	75.8～95.5
dcSTX	12.5	78.4～96.0	72.8～96.0	25.0	79.2～96.0	75.2～93.2	75.0	78.9～95.7	76.0～94.9	125	77.2～96.0	72.8～96.0
STX	14.5	74.5～96.6	75.2～96.6	29.0	75.2～96.6	76.2～93.4	87.0	78.5～92.0	75.6～87.7	145	75.2～93.8	75.2～96.6
STXeq	125	80.7～89.9	81.8～88.3	250	83.5～88.0	82.5～87.8	750	81.1～86.0	82.6～85.4	1250	82.6～88.5	82.0～88.4

参考文献

[1] Bower D. J. , Hart R. J. , Matthews P. A. , et al. , 1981. Nonprotein neurotoxins. Chin. Toxicol. 18, 813－843.

[2] 于仁诚 . 1998. 塔玛亚历山大藻（*Alexandrium tamarense*）产毒生理学研究 . 中科院海洋研究所（博士论文），青岛 .

[3] Aune T. 2001. Risk assessment of toxins associated with DSP, PSP and ASP in seafood. In DeKoe W. J. , Samson R. A. , Van Egmond H. P. , et al. , [eds.] Mycotoxins and phycotoxins in perspective at the turn of themillennium, proceedings of the X international IUPAC symposium onmycotoxins and phycotoxins, p515－526.

第四章　失忆性贝类毒素与检测

第一节　失忆性贝类毒素概述

一、化学结构与理化性质

1987 年，在加拿大爱德华王子岛爆发了有史以来的第一次记忆缺失性贝毒中毒事件，造成 3 人死亡和 100 余人中毒。1989 年，人们从多列拟菱形藻（*Pseudonitzschia pungens ʃ. multiseries*）中分离得到导致这次中毒事件的罪魁祸首——软骨藻酸（Domoic acid，DA）（[1,2] 据记载，DA 最早是在一种红藻 *Chondria armata* 中分离出的氨基酸类化合物，DA 和红藻氨酸的化学结构如图 4－1 所示。目前为止，人们从九株拟菱形藻 *Pseudonitzschia* spp. 中检测到 DA，分别是：多列拟菱形藻[1]、假细纹拟菱形藻（*P. pseudodelicatissima*）[3,4]、澳州拟菱形藻（*P. australis*）[5]（Wright and Quilliam，1995）、柔弱拟菱形藻（*P. delicatissima*）、成列拟菱形藻（*P. seriata*）、*P. Fraudulenta*、*P. Turgidula*[6,7]、*P. multistriata*[8] 和 *P. Pungens*[9~13]。随着人们对红藻 *C. armata* 的深入研究，先后发现了 DA 的五种异构体 DA－A、DA－B、DA－C[14]（Maeda *et al.*，1986）和 DA－G、DA－H [15]。但是这些化合物在其他浮游植物和贝类中的分离均未见报道。后来，人们在浮游植物和贝类体内分离出 DA 的另外三种异构体化合物（DA－D、DA－E、DA－F），它们具有和 DA 类似的毒性。近些年，在越南虾池内采集的一株硅藻 *Nitzschia navis－varingica* 中检测到 DA 毒素[16,17]，从此能产生 DA 毒素的藻类家族又增加了一个新的属。软骨藻酸 DA 及其异构体化合物的化学结构如图 4－2 所示。

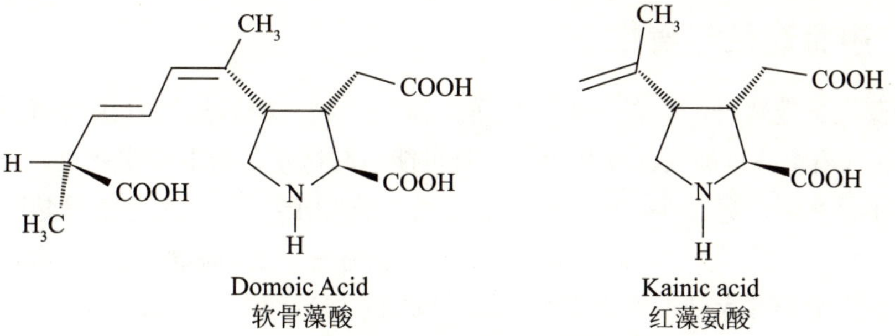

Domoic Acid
软骨藻酸

Kainic acid
红藻氨酸

图 4－1　软骨藻酸及红藻氨酸的化学结构[18]

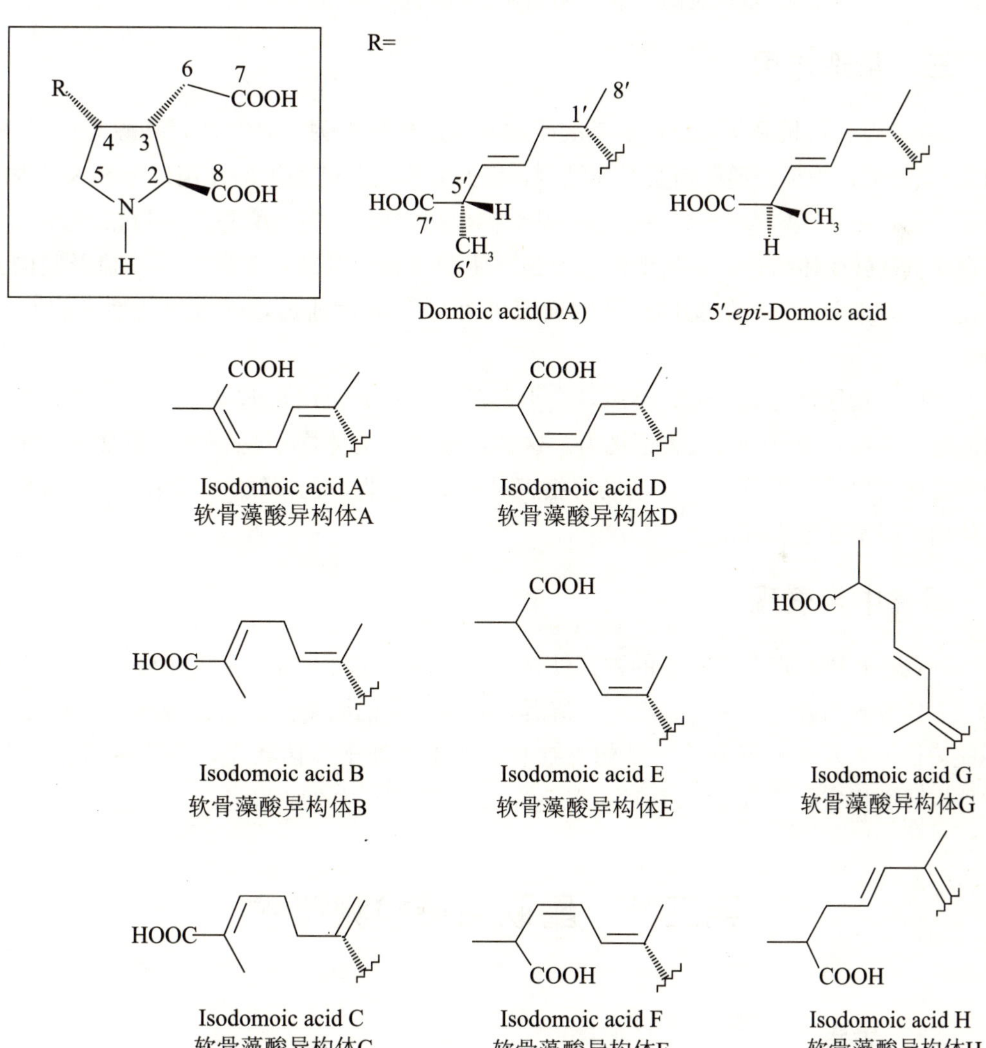

图 4－2　软骨藻酸及其异构体的化学结构[18]

二、中毒途径与毒性

当硅藻大量繁殖时，双壳贝类等低等的海洋动物，能通过摄食藻类饵料而在体内积累大量的DA；一旦被其他动物摄食，就可能引起这些动物中毒或死亡。这种毒素在贝类体内不易积累，通常在一个星期左右就可以排除干净[19]。人的肠胃黏膜对DA的吸收率也较低 。如果与人类中枢神经系统（大脑海马）的谷氨酸受体结合，引起神经系统麻痹，并能导致大脑损伤而失去记忆。DA的LD_{50}约10mg/kg体重（小鼠）。许多国家对水产品贝类中DA的控制标准为20μg/g。从中毒死亡者的病理解剖可见脑的海马回、丘脑和杏仁核都有损伤，这与用DA进行动物试验的病理结果相同。

三、毒理作用

DA的毒作用机制与兴奋性氨基酸受体和突触传导有关。兴奋性氨基酸L-谷氨酸和L-精氨酸作为神经递质与其受体结合，有开启膜上Na^+通道的作用，导致Na^+内流及膜的去极化。DA属于一种兴奋性氨基酸类似物，与L-谷氨酸和L-精氨酸竞争地与兴奋性氨基酸受体结合，且其亲合力更强，使Na^+通道开放，导致Na^+内流及膜的去极化。另外被DA激活的受体打开的通道可对Ca^{2+}高度通透，导致致死性细胞Ca^{2+}内流。

目前，食用含有DA的贝类后，会引起肠胃炎疾病，严重时使人头昏眼花，失去方向感，头疼，短时间内失去记忆力。这种毒素在贝类体内不易积累，通常在一个星期左右就可以排除干净[19]，人的肠胃粘膜对DA的吸收率也较低[20]。因此ASP毒素在人体内的降解速度也较快。

四、中毒表现

DA是比PSP毒素弱一些的神经性毒素，中毒者症状奇特，多数在食后3h～6h发病，主要表现为腹痛、腹泻、呕吐、流涎，同时出现记忆丧失、意识混乱、平衡失调、不能辨认家人及亲朋好友等严重精神症状，严重者处于昏迷状态，重症者多为老人，并伴有肾脏损害，曾有12人病后记忆丧失长达18个月之久的报道。

第二节　酶联免疫检测技术

一、原理

本方法测定基础是竞争性酶联免疫反应，酶标板上包被有针对软骨藻酸抗体的捕捉抗体，加入抗软骨藻酸抗体、标准液或样品溶液及软骨藻酸酶标记物，游离的失忆性贝类毒素与软骨藻酸酶标记物竞争软骨藻酸抗体，同时软骨藻酸抗体与捕捉抗体连接。没有结合的酶标记物在洗涤步骤中被除去。将酶基质和显色剂加入到孔中并且孵育。结合的酶标记物将无色的发色剂转化为蓝色的产物。加入反应终止液后使颜色由蓝转变为黄色。在450nm测量微孔溶液的吸光度值，样品中的失忆性贝类毒素溶液与吸光度值成反比，按绘制的标准曲线定量计算。

二、试剂和材料

除非另有说明，本方法所用试剂均为分析纯，水为GB/T 6682规定的一级水。

2.1　无水甲醇（CH_3OH）。

2.2　DA标准物质。

2.3　DA酶标记物。

2.4　抗DA抗体。

2.5　包被有捕捉抗体的微孔板。

2.6　基质（过氧化氢）/发色剂（四甲基联苯胺）。

2.7　洗脱液：0.5%吐温20—PBS。

2.8　反应终止液：6mol/L硫酸。

2.9　半对数坐标纸。

2.10　商业化试剂盒若评价技术参数达到本标准的要求，则也适合于本方法（附录A）。

三、仪器与设备

3.1　酶标仪：450nm。

3.2　均质器。

3.3　离心机：转速≥2000r/min。

3.4　微量加样器：50μL，100μL，200μL，1000μL。

3.5　微量多通道加样器：50μL～300μL。

3.6　天平：感量为0.01g。

3.7　滤器：0.45μm。

四、分析步骤

4.1　试样制备

4.1.1　样品采集

4.1.1.1　分析样品要有充分的代表性，样品至少要10个以上，尽可能没有个体差异。去壳、带壳或罐装的贝肉，均应采取足够的个数并使贝肉达200g以上。

4.1.1.2　远离实验室不能及时送检的样品，除了在常温下品质不会发生变化的，应将样品置于保温盒中冷冻送检。如为带壳样品，应按4.1.2的方法开壳，去除水分后冷冻送检。

4.1.2　样品制备

4.1.2.1　生鲜带壳样品的前处理

用清水将贝壳外表彻底洗净，切断闭壳肌，开壳，用重蒸馏水淋洗内部去除泥沙及其他外来物。将闭壳肌和连接在胶合部的组织分开，仔细取出贝肉，切勿割破肉体。开壳前不要加热或用麻醉剂。收集 100g 贝肉置于筛子中沥水 5min（不要使肉堆积），检出碎壳等杂物，将贝肉均质，备用。

4.1.2.2　冷冻样品的前处理

在室温下，使冷冻样品呈半冷冻状态。带壳冷冻样品，按 4.1.2.1 方法清洗、开壳、淋洗取肉，此时的贝肉仍呈冷冻状态，除去贝肉外部附着的冰片，轻轻抹去水分；事先已去除水分的冷冻去壳样品，在室温下缓化。将 100g 上述贝肉均质，备用。

4.1.2.3　贝类罐头

将罐头内容物沥干水分，倒入均质器充分均质，备用。

4.1.2.4　贝肉干制品

称取 100g 干制品放入足量清水中浸泡 24h～48h（4℃冷藏），沥干、均质、备用。

4.1.2.5　盐渍品

用清水洗涤，流水脱盐，沥干，均质、备用。

4.2　测定步骤

4.2.1　试样提取

称取 10.0g 按 4.1.2 均质的贝类组织（精确至 0.01g），加入 10.0mL 水，涡旋振荡 1min，加入 20.0mL 100%甲醇，涡旋振荡 1min。以 3000g 离心 10min，用 0.45μm 滤器过滤上清液，得到样品提取液。用稀释缓冲液将样品提取液稀释 100 倍（如吸取 10μL 样品与 990μL 稀释缓冲液混合）。取 50μL 按 4.2.2 方法进行酶联免疫测定。此时的稀释倍数是 300。高浓度的样品，如超出标准曲线范围，可进一步用缓冲液稀释，直至样品浓度在标准曲线范围以内。

4.2.2　酶联免疫测定

将足够数量的已包被捕捉抗体的微孔条插入微孔架（空白对照、标准液和样液分别做复孔），记录空白对照、标准液和样液的位置。向空白对照孔加入 150μL 稀释缓冲液，向标准液和样液孔分别加入相应的 50μL5 个～7 个失忆性贝类毒素标准液或样液到各自的微孔，每个标准液和样液必须使用新的吸头。向上述所有的微孔中加入 100μL DA 酶标记物工作液，向除空白对照孔之外的所有微孔中加入 100μLDA 抗体工作液，迅速充分混合 1min，用粘胶纸封住微孔以防溶液挥发，4℃孵育 2h。孵育结束后，倒去孔中液体，每个微孔注入 300μL 洗液冲洗，翻转微孔板，倾去孔内液体，再重复以上洗板操作 2 次，在吸水纸上拍干。每孔加 150μL 底物/显色剂溶液，充分混合，室温避光孵育 30min。每孔加入 50μL 终止液迅速混匀后，在 30min 内测量并记录 450nm 波长下的吸光度值。

五、分析结果的计算与表述

5.1 计算百分比吸光度值

标准液和样液的平均吸光度值（OD值）减去空白对照孔的平均OD值作为标准液和样液的平均校正OD值。按公式（4-1）分别求得每个失忆性贝类毒素标准液和样液的百分比吸光度值：

$$A=\frac{S-S_1}{S_0-S_1}\times 100\% \quad \cdots\cdots (4-1)$$

式中：

A——百分比吸光度值；

S——失忆性贝类毒素标准液或样液的平均OD值；

S_1——空白对照孔的平均OD值；

S_0——0μg/L的失忆性贝类毒素标准液的平均OD值。

5.2 绘制标准曲线

以百分比吸光度值为纵坐标，以失忆性贝类毒素溶液浓度（ng/mL）的对数值为横坐标，绘制标准曲线。每次试验均应重新绘制标准曲线。或通过软件计算出浓度与百分比吸光度值间的标准曲线公式，得到回归方程（4-2）：

$$Y=A\log X+B \quad \cdots\cdots (4-2)$$

式中：

Y——百分比吸光度值；

X——失忆性贝类毒素浓度，单位为ng/mL；

A和B为根据标准液计算出的公式常数。

5.3 结果的计算

在5.2绘制的标准曲线上读取待测液百分比吸光度值所对应的失忆性贝类毒素浓度，即为待测液中失忆性贝类毒素的含量（ng/mL）。为了获得样品中失忆性贝类毒素的实际浓度（ng/g），从标准曲线上读出的浓度值必须乘以相对应的稀释系数。或通过公式（4-2）即可求出待测孔的ASP浓度，再乘以样品稀释倍数即为原始样品失忆性贝类毒素浓度。

5.4 结果的表述

当测定值<20μg/g时，则报告失忆性贝类毒素含量<20μg/g。

当测定值≥20μg/g时，则报告实际测定数值。

六、其他

6.1 测定低限

方法的测定低限为1μg/g。

6.2　回收率

方法的回收率为85%～90%。

6.3　健康和安全

任何失忆性贝类毒素含量值大于20μg/g的样品即被认为是有害的，对人类食用不安全。

标准液含有失忆性贝类毒素，应特别小心，避免接触。

甲醇对人体有害，建议有条件的实验室在通风橱中操作。

反应终止液为6mol/L硫酸，避免接触皮肤。

第三节　高效液相色谱检测技术

一、原理

试样经50%甲醇溶液提取，以强阴离子固相萃取柱净化，反相高效液相色谱法测定，外标法定量。

二、试剂与材料

除非另有说明，本方法所用试剂均为分析纯，水为GB/T 6682规定的一级水。

2.1　甲醇（CH_3OH）：色谱纯。

2.2　乙腈（CH_3CN）：色谱纯。

2.3　乙酸（CH_3COOH）：色谱纯。

2.4　乙腈溶液（10%）：量取10mL乙腈，溶于水并稀释至100mL。

2.5　甲醇溶液（50%）：量取50mL甲醇，溶于水并稀释至100mL。

2.6　甲酸溶液（0.1mol/L）：量取3.81mL甲酸，用水稀释至1000mL。

2.7　乙酸溶液（0.1%）：量取1.0mL乙酸，用水稀释至1000mL。

2.8　软骨藻酸标准品（$C_{15}H_{21}NO_6$）：纯度≥90%。

2.9　软骨藻酸贮备液（150 μg/mL）：精确称取适量软骨藻酸标准品，用10%乙腈溶液（2.4）溶解并定容至软骨藻酸浓度为150μg/mL。

2.10　标准曲线工作液：吸取适量软骨藻酸贮备液，用10%乙腈溶液分别稀释成浓度为0.3μg/mL、0.6μg/mL、3μg/mL、15μg/mL、30μg/mL的标准系列工作液。

2.11　强阴离子交换固相萃取柱：3mL，500mg，或相当者。用前分别用6mL甲醇、3mL水和3mL50%甲醇溶液（2.5）活化。

2.12　滤膜：0.22μm。

三、仪器与设备

3.1　高效液相色谱仪：配有二极管阵列或紫外检测器。

3.2　分析天平：感量为 0.1mg 和 0.01g。

3.3　组织均质器：转速≤20000r/min。

3.4　涡旋振荡器。

3.5　离心机：转速≥8000r/min。

3.6　固相萃取装置。

3.7　真空泵。

3.8　移液器：10μL～100μL、100μL～1000μL 和 1000μL～5000μL。

3.9　聚丙烯离心管：50mL，具塞。

3.10　离心管：15mL。

四、分析步骤

4.1　试样制备

洗净贝类样品外壳泥沙后，开壳，再清洗净内部，确保样品无海水和泥沙等异物。取贝类组织可食部分，沥干水分后备用。以上贝类及其他贝类制品经充分搅碎、均质，分出 0.5kg 作为试样，置于清洁样品容器中，密封，并做上标记。

在试样制备的操作过程中，应防止样品污染或发生残留物含量的变化。试样置于－18℃以下避光保存。

4.2　试样提取

称取试样 4.00g（精确到 0.01g）于 50mL 加盖离心管中，加入 8mL50％甲醇溶液，涡旋混匀 1min，超声提取 5min，以 8000r/min 离心 15min，使固液两相彻底分离，移出上清液至 20mL 容量瓶中，残渣再加入 8mL50％甲醇溶液重复提取一次，上清液均移入 20mL 容量瓶中，以 50％甲醇溶液定容至 20mL。

4.3　试样净化

取上述提取液 5.0mL 移入依次经 6mL 甲醇、3mL 水和 3mL50％甲醇溶液处理过的强阴离子交换固相萃取柱上，待液体以 1mL/min 的流速流出后，再依次用 5mL 10％乙腈溶液，0.5mL 0.1mol/L 甲酸溶液淋洗，弃去流出液，最后用 3mL 0.1mol/L 甲酸溶液洗脱吸附在柱上的软骨藻酸，保持抽气 2min，收集洗脱液，过 0.22μm 滤膜后，供 HPLC 测定。

4.4　仪器参考条件

a）色谱柱：Purospher STAR RP－18 endcapped 柱③，150mm×4.6mm（i.d.），

③　Purospher STAR RP－18 endcapped 柱是 Merck 公司产品的商品名称，给出这一信息是为了方便本方法的使用者，并不是表示对该产品的认可。如果其他等效产品具有相同的效果，则可使用这些等效产品。

3μm，或相当者；

b）流动相：乙腈＋0.1％乙酸溶液＝13＋87；

c）流速：1mL/min；

d）柱温：35℃；

e）进样量：10μL；

f）测定波长：242nm。

4.5 标准曲线的制作

将标准系列工作液分别注入高效液相色谱仪中，测定相应的峰面积，以标准工作液的浓度为横坐标，以峰面积为纵坐标，绘制标准曲线。软骨藻酸标准溶液液相色谱图参见附录B。

4.6 试样溶液的测定

将试样溶液注入高效液相色谱仪中，得到峰面积，根据标准曲线得到待测液中软骨藻酸的浓度，平行测定次数不少于两次。

五、空白实验

除不加试样外，均按上述测定步骤进行。

六、分析结果表述

试样中软骨藻酸含量按公式（4－3）计算：

$$X = \frac{(c - c_0) \times V \times 1000}{m \times 1000} \quad \cdots\cdots (4-3)$$

式中：

X——试样中软骨藻酸的含量，单位为毫克每千克（mg/kg）；

c——从标准曲线中得到的试样中软骨藻酸的浓度，单位为微克每毫升（μg/mL）；

c_0——从标准曲线中得到的空白试验中软骨藻酸的浓度，单位为微克每毫升（μg/mL）；

V——样品溶液最终定容体积，单位为毫升（mL）；

m——最终样品溶液所代表的试样质量，单位为克（g）；

以重复性条件下获得的两次独立测定结果的算术平均值表示，结果保留2位有效数字。

七、精密度

在重复性条件下获得的两次独立测定结果的绝对差值不得超过算术平均值的10％。

八、其他

方法测定低限为0.9mg/kg。

第四节　高效液相色谱-串联质谱检测技术

一、原理

样品以甲醇/水提取，经 LC－SAX 强阴离子固相萃取柱净化后，液相色谱分离，三重四级杆串联质谱检测，外标法定量。

二、试剂和材料

除非另有说明，本方法所用试剂均为色谱纯，水为 GB/T 6682 规定的一级水。

2.1　软骨藻酸标准品（$C_{15}H_{21}NO_6$）：纯度≥90％。

2.2　甲醇（CH_3OH）。

2.3　乙腈（CH_3CN）。

2.4　甲酸（CH_3COOH）：分析纯。

2.5　甲酸铵（CH_5NO_2）：分析纯。

2.6　乙腈＋水（1＋9，体积比）。

2.7　甲醇＋水（1＋1，体积比）。

2.8　甲酸铵溶液（2mmol/L）：称取 0.126g 甲酸铵，加入 200μL 甲酸，用水溶解并稀释至 1000mL。

2.9　甲酸溶液（0.3％）：量取 300μL 甲酸，用水稀释至 100mL。

2.10　空白样品提取液：空白样品提取液的制备同 4.2 和 4.3。

2.11　SAX 固相萃取柱：500mg，3mL。使用前预先用 6mL 甲醇、3mL 水、3mL 甲醇＋水（2.7）活化。

2.12　标准溶液的配制

2.12.1　软骨藻酸标准贮备液（100μg/mL）：准确称取 5mg 软骨藻酸标准品于 50mL 容量瓶中，用甲醇溶解并定容至刻度。此贮备液于－18 ℃避光保存，有效期 6 个月。

2.12.2　软骨藻酸标准中间液（1.0μg/mL）：准确移取 0.5mL 软骨藻酸标准贮备液于 50mL 容量瓶中，以乙腈＋水（2.6）定容至刻度。此中间液 4 ℃避光保存，有效期 1 个月。

三、仪器与设备

3.1　液相色谱-三重四级杆串联质谱仪：配电喷雾（ESI）离子源。

3.2　天平：感量为 0.00001g 和 0.01g。

3.3　高速冷冻离心机：10000r/min。

3.4　离心机：4000r/min。

3.5　超声波清洗器。

3.6　涡旋混匀器。

3.7　均质器。

四、分析步骤

4.1　试样制备

用水将贝壳外表洗净。撬开贝壳，切断闭壳肌，用水淋洗，去除内部泥沙及其他异物，仔细取出贝肉，切勿割破贝体，在筛子上平铺沥水 5min，然后将贝肉均质、混匀。

4.2　提取

称取试样 5g（精确至 0.01g），置于 50mL 离心管中，加入 12mL 甲醇＋水溶液（2.7），涡旋混合 1min，超声提取 10min，再涡旋混合 1min，以 4000r/min，离心 10min，取上清液至 25mL 棕色容量瓶中。其残渣再加入 5mL 甲醇＋水溶液按上述方法重复提取二次，上清液合并至 25mL 棕色容量瓶中，以水定容至刻度，混匀。于－18℃冰箱中放置 2 h，5℃ 10000r/min，离心 10min，取上清液过柱净化。

4.3　净化

取上述粗提液 5.0mL 移入预先活化好的固相萃取柱中（2.11），过柱速度约为每秒 1 滴，然后分别用乙腈＋水溶液（2.6）5mL 和 0.3%甲酸溶液（2.9）0.3mL 淋洗，弃去流出液，用 0.3%甲酸溶液 4.0mL 洗脱，洗脱液接收至刻度离心管中，用 0.3%甲酸溶液定容至 4mL，混匀，经 0.22μm 滤膜过滤后，供液相色谱-串联质谱仪测定。

4.4　仪器分析条件

4.4.1　液相色谱参考条件

a）色谱柱：C_{18}柱，2.1mm×100mm，5μm，或性能相当；

b）流动相：甲醇＋2mmol/L 甲酸铵溶液，梯度洗脱条件见表 4－1；

c）流速：0.35mL/min；

d）柱温：30℃；

e）进样量：25μL。

表 4－1　流动相梯度洗脱条件

时间/min	甲醇/%	甲酸铵溶液/%
0.0	20	80
2.0	20	80
6.0	90	10
6.1	20	80
10.0	20	80

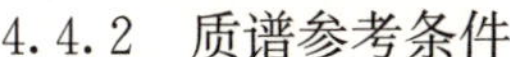

4.4.2　质谱参考条件

a）离子源：电喷雾离子源；

b）扫描方式：正离子扫描；

c）检测方式：多反应监测；

d）喷雾电压：4500V；

e）离子传输毛细管温度：300℃；

f）源内碰撞诱导解离电压：8V；

g）雾化气流速：12.3L/h；

h）辅助气流速：1.7L/h；

i）母离子、子离子和碰撞能量见表 4－2。

表 4－2　软骨藻酸母离子、子离子和碰撞能量

目标化合物	母离子/（m/z）	子离子/（m/z）	碰撞能量/eV
软骨藻酸	311.9	265.9*	17
		247.9	17
* 为定量离子			

4.5　基质标准曲线的制作

根据需要吸取适量 1.0μg/mL 和 100μg/mL 软骨藻酸标准溶液，用空白样品提取液配制成浓度分别为 0.005μg/mL、0.05μg/mL、0.25μg/mL、0.5μg/mL 和 1.0μg/mL的系列基质标准工作液，供液相色谱-串联质谱测定。以软骨藻酸的峰面积为纵坐标，以相应的浓度为横坐标，绘制标准曲线，求回归方程和相关系数。

4.6　测定

4.6.1　定性测定

在同样测试条件下，试样液中软骨藻酸的保留时间与标准溶液中软骨藻酸的保留时间之比，偏差在±5%以内，且检测到的离子的相对丰度应当与浓度相近的标准工作液中离子的相对丰度一致，其丰度比偏差应符合表 4－3 要求。

表 4－3　定性测定时相对离子丰度的最大允许偏差

相对离子丰度	>50%	>20%至≤50%	>10%至≤20%	≤10%
允许的相对偏差	±20%	±25%	±30%	±50%

4.6.2　定量测定

取试样溶液和相应的标准溶液等体积进样测定，按外标法以标准曲线对样品进行定量。标准溶液及试样溶液中软骨藻酸的响应值均应在仪器检测的线性范围之内。标准溶液、空白溶液和标准添加溶液中软骨藻酸特征离子流图参见附录 C。

五、空白试验

除不加试样外，均按上述测定步骤进行。

六、结果计算和表述

样品中软骨藻酸的含量按公式（4-4）计算，计算结果需扣除空白值，结果保留三位有效数字。

$$X = \frac{c \times V \times f}{m} \quad (4-4)$$

式中：

X——样品中软骨藻酸的含量，单位为微克每克（μg/g）；

c——从标准工作曲线得到的试样溶液中软骨藻酸的浓度，单位为微克每毫升（μg/mL）；

V——样品最终定容体积，单位为毫升（mL）；

f——稀释倍数；

m——试样质量，单位为克（g）。

七、精密度

方法批内相对标准偏差≤15%，批间相对标准偏差≤15%。

八、其他

方法检出限为0.01μg/g，定量限为0.02μg/g。软骨藻酸添加浓度为0.02μg/g～20μg/g时，方法回收率为70%～120%。

附录 A
商业化试剂盒评价技术参数

A.1　测定低限

测定低限为 1μg/g。

A.2　回收率

回收率为 85%～90%。

A.3　重现性

标准品变异系数≤10%，样品变异系数≤15%。

A.4　交叉反应率

检测 DA 特异性达到 100%；
与 STX、OA、PbTx-2 等海洋毒素没有交叉反应。

附录 B
软骨藻酸标准品液相色谱图（0.3μg/mL）

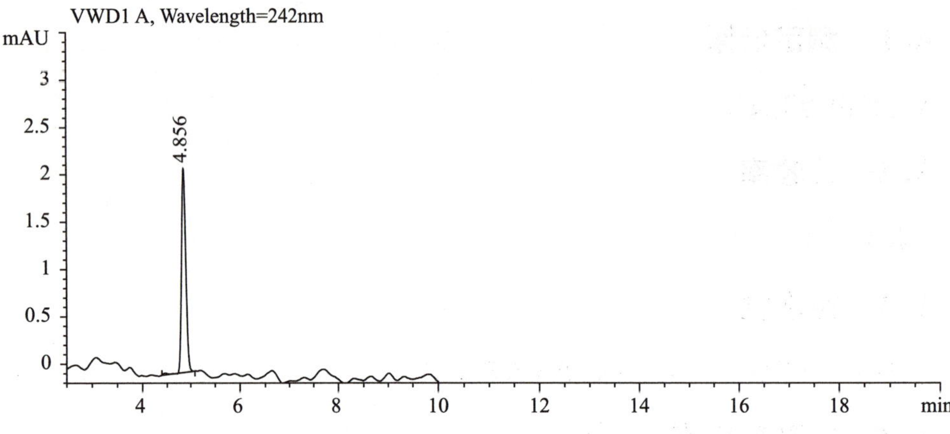

图 B.1 软骨藻酸标准品液相色谱图（0.3μg/mL）

附录 C
软骨藻酸特征离子流图

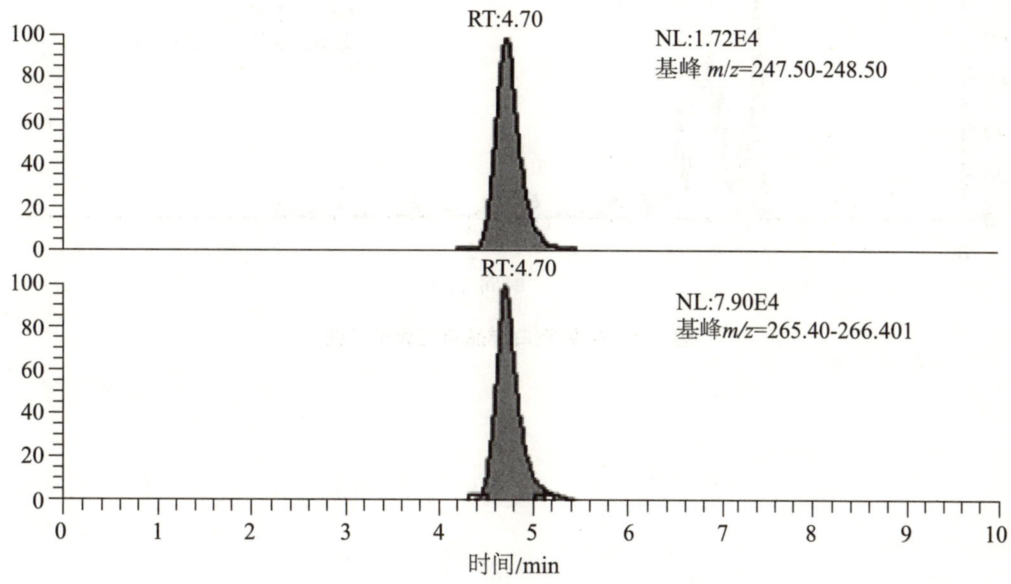

图 C.1　软骨藻酸标准溶液特征离子流图

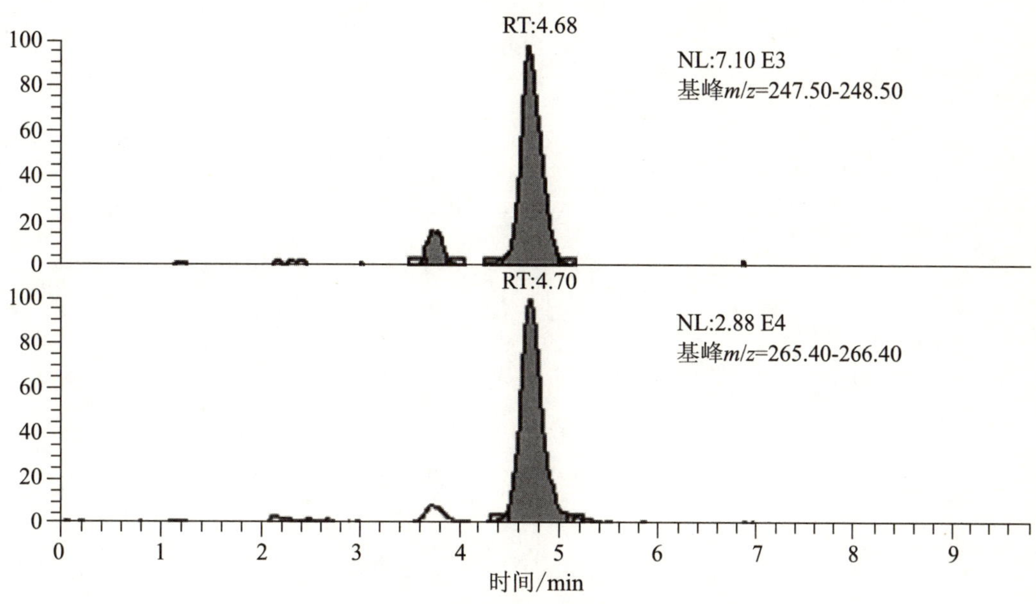

图 C.2　扇贝样品添加软骨藻酸特征离子流图

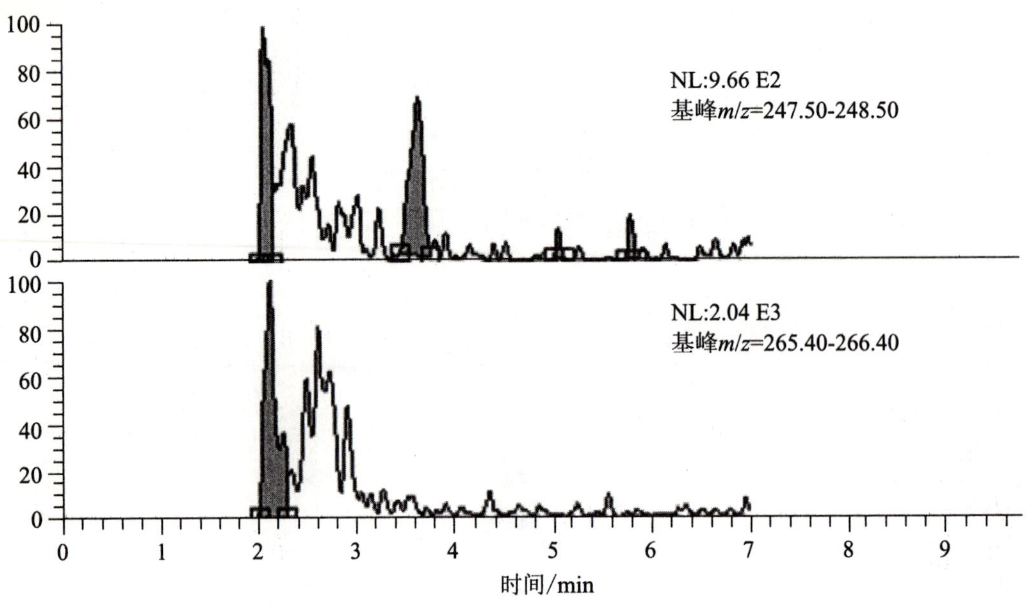

图 C.3 扇贝空白样品特征离子流图

参考文献

[1] Quilliam M. A. and Wright J. L. C. , 1989. The amnesic shellfish poisoning mystery. Analytical Approach 61，1053a - 1059a.

[2] Bates S. S. , Bird C. J. , de Freitas A. S. W. , et al. , 1989. Pennate diatom Nitzschia pungens as the primary source of domoic acid，a toxin in shellfish from Eastern Prince Edward island，Canada. Can. J. Fish. Aquat. Sci. 46，1203 - 1215.

[3] martin J. L. , Haya K. , Burridge L. E. , et al. , 1990. Nitzschia pseudodelicatissima — a source of domoic acid in the Bay of Fundy，eastern Canada. Mar. Ecol. Prog. Ser. 67，177 - 182.

[4] Martin J. L. , Haya K. and Wildish D. J. 1993. Distribution and domoic acid content of Nitzschia pseudodelicatissima in the Bay of Fundy. In Smayda T. J. and Shimizu Y. [eds.] Toxic phytoplankton blooms in the sea，pp613 - 618.

[5] Wright J. L. C. and Quilliam M. A. 1995. Methods for domoic acid，the amnesic shellfish poisons. In Hallegraeff G. M. , et al. , [eds.] Manual on harmful marine microalgae. IOC Manuals and Guides No. 33，UNESCO. pp113 - 133.

[6] Rhodes L. , White D. , Syhre M. , et al. , 1996. Pseudonitzschia species isolated from New Zealand coastal waters：domoic acid production in vitro and links with shellfish toxicity. In：Yasumoto，T. , Y. Oshima，and Y. Fukuyo， [eds.] Harmful and Toxic Algal Blooms. Intergovermental Oceanographic Commission，UNESCO，Paris，pp，155 - 158.

[7] Rhodes L. , Scholin C. , Garthwaite I. , et al. , 1998. Domoic acid producing Pseudo - nitzschia species educed by whole cell DNA probe - based and immunochemical assays. In：Reguera，B. , J. Blanco，M. L. Fernández，and T. Wyatt， [eds.] Harmful Algae. Xuanta de Gilicia and the Intergovermental Oceanographic Commission，UNESCO，Paris，pp，274 - 277.

[8] Bates S. S. , 2000. Domoic - acid - producing diatoms：another genus added! J. Phycol. 36，978 - 985.

[9] Sarno D. and Dahlmann J. , 2000. Production of domoic acid in another species of Pseudo - nitzschia：P. multistriata in the Gulf of Naples (Mediterranean Sea) . Harmful Algae News. 21，5.

[10] Subba Rao D. V., Quilliam M. A., and Pocklington R., 1988. Domoic acid - a neurotoxic amino acid produced by the marine diatom Nitzschia pungens in culture. Can. J. Fish. Aquat. Sci. 45, 2076 - 2079.

[11] Garrison D. L., Conrad S. M., Eilers P. P., et al., 1992. Confirmation of domoic acid production by Pseudonitzschia australis (Bacillariophyceae) cultures. J. Phycol. 28, 604 - 607.

[12] Lundholm N., Skov J., Pocklington R., et al., 1994. Domoic acid, the toxic amino acid responsible for amnesic shellfish poisoning, now in Pseudonitzschia seriata (Bacillariophyceae) in Europe. Phycologia. 33, 475 - 478.

[13] Lundholm N., Moestrup Ø., Hasle G. R., et al., 2003. A study of the Pseudo - nitzschia pseudodelicatissima/cuspidate complex (Bacillariophyceae): What is P. pseudodelicatissima? J. Phycol. 39: 797 - 813.

[14] Maeda M., Dodama T., Tanaka T., et al., 1986. Structures of isodomic acids A, B and C, novel insecticidal amino acids from the red alga Chondria armata. Chem. Pharm. Bull. 34, 4892 - 4895.

[15] Zaman L., Arakawa O., Shimosu A., et al., 1997. Occurrence of paralytic shellfish poison in Bangladeshi freshwater puffers. Toxicon 35 (3), 423 - 431.

[16] Kotaki Y., Koike K., Yoshida M., et al., 2000. Domoic acid production in Nitzschia isolated from a shrimp - culture pond in Do Son, Vietnam. J. Phycol. 36, 1057 - 1060.

[17] Lundholm N. and Moestrup Ø., 2000. Morphology of the marine diatom Nitzschia navis - varingicasp. nov., another producer of the neurotoxin domoic acid. J. Phycol. 36, 1162 - 1174.

[18] Quilliam M. A. 2003a. Chemical methods for domoic acid, the amnesic shellfish poisoning (ASP) toxin. In Hallegraeff G. M., Anderson D. M. and Cembella A. D. [eds.] Manual on Harmful Marine Microalgae. 11 (9), 247 - 266. Intergovernmental Oceanographic Commission (UNESCO), Paris.

[19] Shumway S. E., 1990. A review of the effects of algal blooms on shellfish and aquaculture. J. World Aquacult. Soc. 21, 65 - 104.

[20] Iverson F., Truelove J., Tryphonas L., et al., 1990. Multiple organ damage caused by a new toxin azaspiracid, from mussels produced in Ireland. Toxicon 38, 917 - 930.

第五章　神经性贝类毒素与检测

第一节　神经性贝类毒素概述

一、化学结构与理化性质

神经性贝毒分布范围较小，主要分布在美国佛罗里达海岸和墨西哥湾沿岸，在欧洲和新西兰有较小范围的分布。神经性贝毒的活性物质主要为 Brevetoxin A（BTX－A）、Brevetoxin B（BTX－B）和 Hemibrevetoxin B（HeBTX－B）。这类毒素是由短凯伦藻 *Karenia brevis*（syn. *Ptychodiscus breve*；*Gymnodinidium breve*）产生的。BTX－B是从短凯伦藻中分离出的第一种聚醚化合物[1]，后来又分离出了 BTX－C[2]和 Dehydrobrevetoxin B[3]。1985 年，Nakanishi 用 X-射线晶体衍射方法确定了 BTX－A 的分子结构，在这类毒素中，其毒性最强[4]。近几年，从新西兰的海扇贝（*Austrovenus stutchburyi*）体内分离出 Brevetoxin B1（BTX－B1）[5]，从贝 *Perna canaliculus* 中分离出 Brevetoxin B2（BTX－B2）[6]和 Brevetoxin B3（BTX－B3）[7]。1993 年，Shimizu 在 *G. breve* 中发现了一种新型毒素，分子骨架只有 BTX 的一半，因此称其为 Hemibrevetoxin B（HeBTX－B）[8]。由于产毒毒藻短凯伦藻也曾被称为 *Ptychodiscus breve*，因此这些毒素也被称为 Ptychodiscus brevetoxin（PbTx），它们的化学结构如图 5－1 所示。PbTx－2 毒素在贝类体内可能的转化途径如图 5－2 所示。

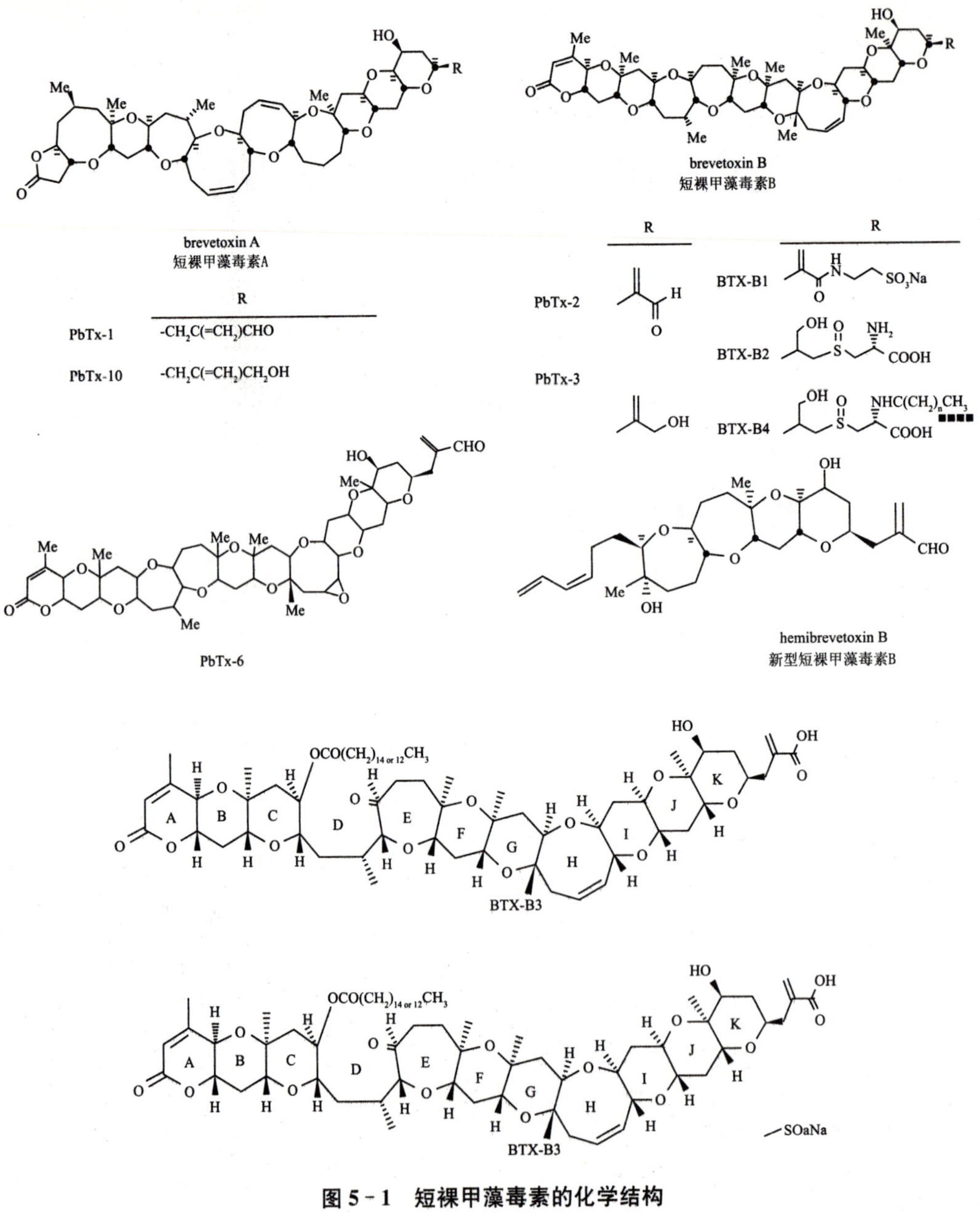

brevetoxin A
短裸甲藻毒素A

	R
PbTx-1	$-CH_2C(=CH_2)CHO$
PbTx-10	$-CH_2C(=CH_2)CH_2OH$

brevetoxin B
短裸甲藻毒素B

	R		R
PbTx-2		BTX-B1	SO_3Na
		BTX-B2	NH_2, COOH
PbTx-3	OH	BTX-B4	$NHC(CH_2)_nCH_3$, COOH

PbTx-6

hemibrevetoxin B
新型短裸甲藻毒素B

BTX-B3

BTX-B3

图 5-1 短裸甲藻毒素的化学结构

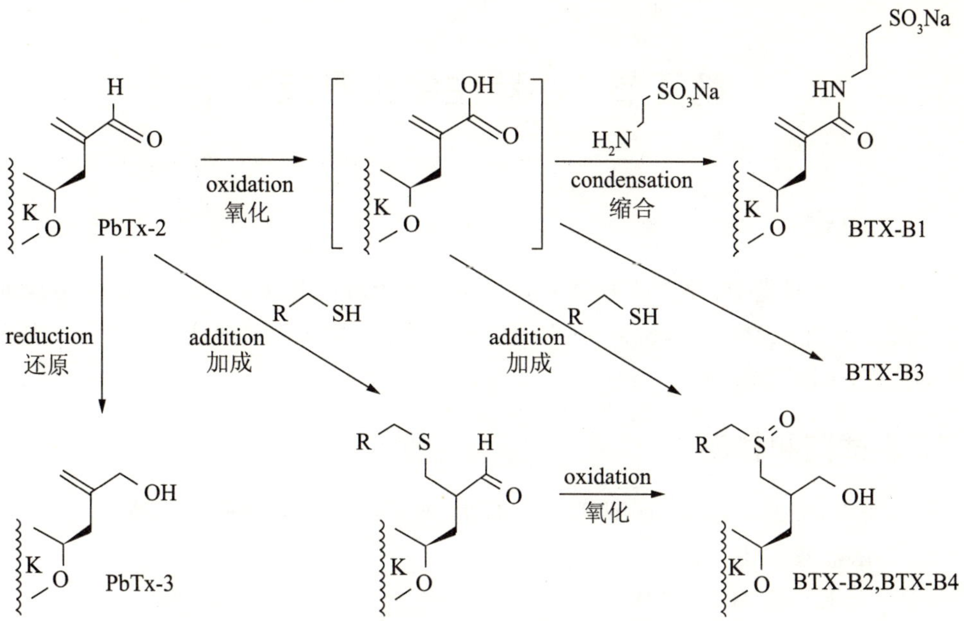

图 5 - 2 PbTx - 2 毒素在贝类体内可能的代谢转化形式[9]

二、中毒途径与毒性毒理

Brevetoxins 是一类无味、耐热耐酸、脂溶性的环状聚醚毒素，包括 10～11 个纵向连接的环，相对分子质量在 900 左右。该毒素能够与 Na^+ 通道的位点 5 牢固结合，激活离子通道，增强 Na^+ 流向细胞内，外用河豚毒素可以阻断这种 Na^+ 内流[10]，在风浪的作用下 brevetoxins 可以形成烟雾状的气体溶胶，进入人的呼吸系统，会引起哮喘疾病。这一方面是由于 Na^+ 通道开放，另一方面是由于该毒素引起自主神经末端释放神经递质，引起平滑肌气管收缩[10]。另外，brevetoxins 还能够抑制溶酶体蛋白酶，如组织蛋白酶的活性。PbTx - 2 对瑞士小鼠的毒性（i. p.）为 $LD_{50}=200\mu g/kg$[11]。

三、中毒表现

Brevetoxins 毒素引起人的中毒症状主要有：恶心、呕吐、腹泻、盗汗、寒冷、血压过低、心律不齐、四肢与嘴唇有麻木感、支气管收缩、癫痫发作，严重者瘫痪，但未见有死亡和慢性中毒症状报道[12,13]。短裸甲藻赤潮爆发时，通常会引起大量鱼的死亡，并以贝或鱼类为媒介，影响人的身体健康。

第二节　小鼠生物检测技术

一、原理

用乙醚提取贝类中神经性贝类毒素，经减压蒸干后，再以1%吐温-60生理盐水为分散介质，制备NSP-1%吐温-60生理盐水混悬液，将该混悬液注射入腹腔，观察小鼠存活情况，计算其毒力。

二、试剂和材料

注：除非另有说明，本方法所用试剂均为分析纯，水为GB/T 6682规定的二级水。

2.1　浓盐酸（HCl）。

2.2　无水乙醚（$C_4H_{10}O$）。

2.3　1%吐温-60（$C_{64}H_{126}O_{26}$）：称取1.0g吐温-60，用0.85%氯化钠溶液溶解并定容至100.0mL。

2.4　小白鼠：体重为19g～21g的健康ICR品系雄性小鼠。

三、仪器与设备

3.1　旋转蒸发器。

3.2　均质器。

3.3　天平：感量为0.1g。

3.4　分液漏斗。

3.5　圆底烧瓶。

3.6　布氏漏斗。

3.7　一次性注射器：1mL。

3.8　秒表。

3.9　加热器。

四、分析步骤

4.1　试样制备

4.1.1　样品采集

4.1.1.1　分析样品要有充分的代表性，不论是去壳、带壳或罐装的贝类，每个分析样品至少要取贝类10个以上，并使贝肉达200g以上。所取贝类应取自同一海域，并尽可能没有个体差异。

4.1.1.2　远离实验室不能及时送检的样品，除了在常温下品质不会发生变化的，应将样品置于保温盒中冷冻送检，或采取必要措施保证其处于低温状态（0℃～10℃）送检。如为带壳样品，应按 4.1.2 的方法开壳，去除水分后冷冻送检。

4.1.2　样品制备

4.1.2.1　生鲜带壳样品的前处理

用清水将贝壳外表彻底洗净，切断闭壳肌，开壳，用重蒸馏水淋洗内部去除泥沙及其他外来物。将闭壳肌和连接在胶合部的组织分开，仔细取出贝肉，切勿割破肉体。开壳前不要加热或用麻醉剂。收集 200g 贝肉置于筛子中沥水 5min（不要使肉堆积），检出碎壳等杂物，将贝肉均质，备用。

4.1.2.2　冷冻样品的前处理

在室温下，使冷冻样品呈半冷冻状态。带壳冷冻样品，按 4.1.2.1 方法清洗、开壳、淋洗取肉，此时的贝肉仍呈冷冻状态，除去贝肉外部附着的冰片，轻轻抹去水分后，将事先已去除水分的冷冻去壳样品以室温缓化。将 200g 上述贝肉均质，备用。

4.1.2.3　贝类罐头

将罐头内容物沥干水分，倒入均质器充分均质，备用。

4.1.2.4　贝肉干制品

称取 100g 干制品放入足量清水中浸泡 24h～48h（4℃冷藏），沥干、均质、备用。

4.1.2.5　盐渍品

用清水洗涤，流水脱盐，沥干，均质、备用。

4.2　测定步骤

4.2.1　试样提取

4.2.1.1　取 100g 按 4.1.2 均质的样品到一个预先称重的 500mL 烧杯中，加入 5g 氯化钠和 1mL 浓盐酸。搅拌均匀。边搅拌边加热混合物至沸腾，文火煮 5min，冷却至室温。

4.2.1.2　将混合物移至 500mL 离心管中，用 50mL 乙醚冲洗烧杯，将冲洗液一同移到离心管中。向离心管中再加入 100mL 乙醚，盖塞，用力振摇。2000g 离心 15min。

4.2.1.3　离心后小心倒出醚层（上层）溶液至 1000mL 分液漏斗中，用乙醚按 4.2.1.2 方法重复三次抽提离心管中的沉淀，三次抽提用乙醚总量为 250mL，转移乙醚层液体至分液漏斗中。轻轻振荡（不能生成乳浊液），静置分层后去除水层（下层）及贝肉碎片。

4.2.1.4　再将乙醚层移入 500mL 的圆底烧瓶中，减压浓缩（旋转蒸发器，35℃±1℃）去除乙醚。

4.2.1.5　以 1%吐温-60 生理盐水将全部浓缩物在刻度试管中稀释到 10mL，充分振摇，制成均匀 NSP-1%吐温-60 生理盐水混悬液。此时 1mL 液量相当于预先测定的 10g 去壳贝肉的重量，以此悬浮液作为试验原液进行动物实验。

4.2.2　小白鼠试验

4.2.2.1　选择体重为 19g～21g 的健康 ICR 品系雄性小鼠 6 只，随机分 2 组：检测样品组和空白对照组（1%吐温-60生理盐水），3只/组。

4.2.2.2　分别取1mL待测液或1%吐温-60生理盐水注射腹腔。注射时若有提取液溢出，需将该只小鼠丢弃，并重新注射一只小鼠。记录注射完毕时间和小鼠停止呼吸时的死亡时间，连续观测930min。若小鼠的中位数死亡时间在2 h以内，则要用1%吐温-60生理盐水对待测液进行稀释后重新注射，直到小鼠的死亡时间在2～6小时内。

五、分析结果表述

5.1　NSP毒力的计算

每g样品中NSP的含量按公式（5-1）计算：

$$X = \text{中位数 CMU} \times 10\text{mL}/100\text{g} \quad \cdots\cdots\cdots\cdots\cdots\cdots \quad (5-1)$$

式中：

X——每g样品中NSP的含量，单位为鼠单位每克（MU/g）；

中位数CMU——检测样品受试组小鼠的中位数校正鼠单位；

DF——稀释倍数。

5.2　结果表述

在空白对照组小鼠正常的情况下进行如下判断和表述：

若小鼠的死亡时间大于360min，则待测样品的鼠单位即相当于0.2MU/g。

若实验组中位数死亡时间小于120min，则应对样品提取液进行稀释，再选取3只小鼠进行试验，直至得到中位数死亡时间为120min～360min为止，根据最后的稀释液实验结果计算样品的鼠单位毒力，报告该样品的鼠单位为：×××MU/g。

若实验组中位数死亡时间大于360min，则直接计算确定样品鼠单位毒力，报告该样品的鼠单位为：×××MU/g。

若实验组中所有小鼠在观察930min内均不死亡，则也可报告该样品的鼠单位小于0.1MU/g。

六、安全警示

任何NSP检出的样品即被认为是有害的，对人类食用不安全。

神经性贝类毒素是一种有毒的混合物，为避免神经性贝类毒素的危害，应戴手套进行检验操作。橡胶手套、玻璃制品等用过的器材应在5%的次氯酸钠溶液中浸泡1h以上，以使毒素分解。同样，废弃的提取液等也应以上述溶液处理。

所有对含有乙醚溶液的操作应在通风橱中进行。

小鼠尸体应按GB 14925要求焚烧处理，其排放物应达到污物焚烧排放规定要求。

附录 A

表 A.1 小鼠死亡时间与小鼠单位换算关系

死亡时间/min	小鼠单位/MU
8	10.0
10	9.0
12	8.0
14	7.0
16	6.0
18	5.0
20	4.5
30	4.0
38	3.8
45	3.6
60	3.4
83	3.2
105	3.0
140	2.8
180	2.6
234	2.4
300	2.2
360	2.0
435	1.8
540	1.6
645	1.4
780	1.2
930	1.0

表 A.2 小鼠体重校正系数表

小鼠体重/g	体重校正系数
15	0.69
16	0.75
17	0.81
18	0.87
19	0.94
20	1.00
21	1.06
22	1.12
23	1.18
24	1.24
25	1.30
26	1.36

第三节 毛细管电泳分离-电化学酶联免疫法

一、原理

毛细管电泳是近几年发展起来的海洋生物毒素分离检测技术之一，以其快速、灵敏、消耗样品量少而在贝类毒素的分离分析中发挥重要作用。贝类样品基体中干扰物质多，常对神经性贝毒的分析造成干扰。通过毛细管电泳分离、电化学酶联免疫分析可排除干扰，有选择地针对目标毒素进行检测。

在处理过的贝类样品溶液中加入过量酶标 NSP 和一定量的抗体，在 37℃孵化反应 30min，贝类样品中的 NSP 和酶标 NSP 竞争一定量的抗体：

$$Ab\ (limited) + Ag^* + Ag \rightarrow [Ab-Ag]^* + [Ab-Ag] + Ag^* + Ag$$

将上述孵化反应混合液置于毛细管入口端，在分离毛细管两端加 10kV 电压，重力进样 12s 后，混合液中的 NSP -抗体复合物、酶标 NSP -抗体复合物和剩余酶标 NSP 根据迁移速率不同在分离毛细管中分成不同的区带并顺次进入反应毛细管中，在反应毛细管中，标记在神经性贝毒上的辣根过氧化物酶催化缓冲液中的过氧化氢氧化底物邻氨基酚，生成具有电化学活性的物质 3 -氨基吩嗯嗪，进入电化学检测池进行检测；酶标 NSP -抗体复合物和剩余酶标神经性贝毒上的辣根过氧化物酶的浓度不同，催化过氧化氢氧化邻氨基酚生成氧化产物 3 -氨基吩嗯嗪的浓度就不同，产生不同的电化学信号，由此可对酶标 NSP -抗体复合物以及贝类样品中的 NSP 进行分析检测。如果贝类样品中的 NSP 越多，Ag* 与 Ab 形成的酶标 NSP -抗体复合物越少，游离酶标 NSP 越多。

二、试剂与材料

2.1　神经性贝毒（NSP）试剂盒（Abraxis LLC），包括：0ng/mL，0.1ng/mL，0.2ng/mL，0.5ng/mL，1.0ng/mL，2.0ng/mL，5.0ng/mL 的神经性贝毒标准品各一瓶；酶标抗原工作液一瓶，6mL，浓度未知；抗体工作液一瓶，6mL，浓度未知；样品稀释液（10X）一瓶，25mL；洗涤液（5X）一瓶，100mL；显色剂（四甲基联苯胺，TMB），16mL；终止液两瓶，2×6mL；酶标板一块，96 孔。

2.2　H_2O_2 溶液：取市售 30%的 113μL，用二次水稀释到 100mL，浓度为 1.0×10^{-2} mol/L，用时现配并稀释至所需浓度。

2.3　OAP 溶液：准确称取邻氨基酚（分析纯）0.1093g，用 10mL 乙醇溶解并用二次蒸馏水定容至 100mL，浓度为 1.0×10^{-2} mol/L，使用时用二次蒸馏水再稀释。

2.4　BR 缓冲液：取 0.136g 磷酸二氢钾，0.060mL 醋酸和 0.0618g 硼酸混合溶解后定容至 100mL，即得 0.010mol/L 的 BR 缓冲溶液。

三、仪器与设备

3.1　MPI－A 型毛细管电泳仪（中科院长春应化研究所西安瑞迈分析仪器有限公司），包括一台高压电源，一台电化学分析仪和一个检测池；三电极体系：铂工作电极（直径 200gym），铂丝对电极和 Ag/AgCI 参比电极；

3.2　PSH－D 型 pH 计（上海雷磁科学仪器有限公司）；

3.3　BS124S 电子天平（北京赛多利斯系统有限公司）；

3.4　KQ－S OB 型超声波清洗器（昆山市超声仪器有限公司）。

3.5　毛细管电泳系统的修改：根据实验需要，将毛细管电泳柱端改造为检测系统。取一截金属管，在其上切一小口，将其套在毛细管上。在保证管内有溶液流通时，从软管的切口处再将毛细管切一小口，到溶液刚好流出即可。在反应池中间打 2 个小孔，使毛细管穿过，切口处正好在反应池内，再把两端用 AB 胶封住。如图 5－3 所示。采用重力进样，使用水压平衡。在实验过程中确保缓冲液液压池和底物液压池在同一高度，在分离毛细管的两端压力平衡，整个过程只有电场驱动力，由于压力的作用也可以确保样品进入反应毛细管。反应毛细管和分离毛细管通过金属管连接处留有小孔，使管内与反应池连通。

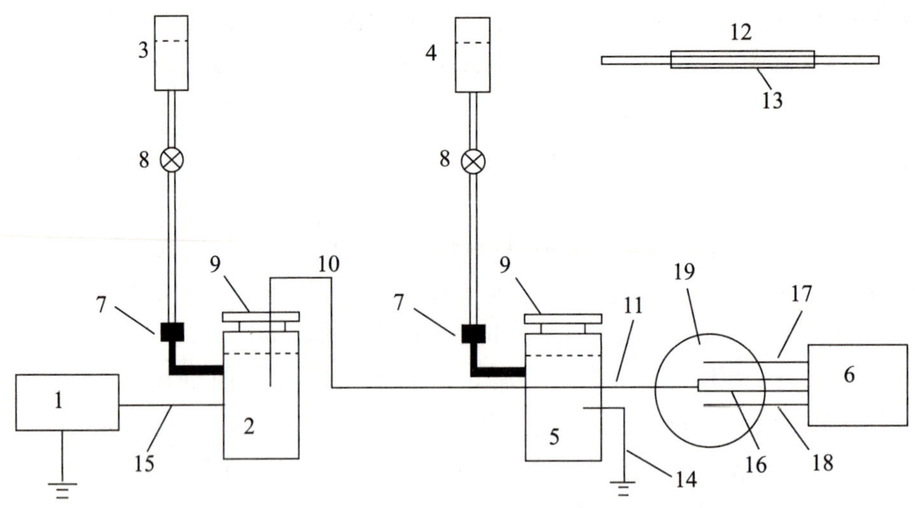

图 5-3 自组装 CE-EIA-EC 系统

1—高压电源；2—缓冲液；3—缓冲液压池；4—底物液压池；5—反应池；6—电化学检测器；7—注射器针头；8—开关；9—橡胶盖；10—分离毛细管；11—反应毛细管；12—小口；13—软管；14—Pt 阴极；15—Pt 阳极；16—工作电极；17—参比电极；18—对电极；19—电解池

四、分析步骤

4.1 试样制备

（1）采集时鲜成年贝类 1.5kg（首选扇贝和牡蛎），（0～4)℃暂存时间以不超过 24h 为宜；

（2）摘取贝肉约 150g，用水漂洗除去盐分（取自来水 1L，浸洗贝肉 1min，沥水 1min。如此反复 3 次，最后一次用蒸馏水浸泡）；

（3）均质。中速剪切 30s，高速剪切 5s；

（4）称取均浆 100g，冰水浴超声 10min，破碎细胞（镜检）；

（5）冰水浴中用 6mol/L HCl 调至 pH 3.4～4.0；

（6）在趁凉 4000r/min 离心 5min，倾出上层清液；

（7）加 35mL 甲醇搅匀，4000r/min 离心 5min，得到滤饼和上层悬浊液；

（8）向滤饼中加 70mL 甲醇搅匀，超声萃取 5min，4000r/min 离心 5min，收集上层萃取液；

（9）在（35～50)℃下水浴，减压蒸发萃取液，至甲醇蒸发殆尽剩余约 5mL 水溶液时止；

（10）冰水浴静置 15min，倾出水体，保留器底析出物；

（11）加约 200mL 去离子水，冰水浴浸泡 15min 后倾出水体。重复一次，洗除盐分；

（12）向析出物中加入 10mL 1mmol/L 十二烷基磺酸钠表面活性剂制成水系胶体形

式的样品溶液（转型）。分装于三个小瓶中，冷藏保存即可；

（13）空白样以无毒的相同贝类样品同1～12步骤制备。

4.2　NSP抗原-抗体复合物的制备及检测过程

采用竞争反应免疫模式，过量HRP标记的NSP抗原（Ag*）与有限抗体（Ab）溶液在37℃孵化反应30min，形成抗原-抗体结合物，反应后的样品溶液中有HRP标记的NSP抗原-抗体结合物和未反应的HRP酶标记NSP抗原，将混合溶液电动进样后进行电泳分离后，分别在反应毛细管中催化底物溶液反应，可检测到两个电泳峰。

4.3　NSP标准品及实际样品的检测过程

采用竞争免疫模式，将一系列不同浓度的NSP标准品或实际样品分别和定量的NSP酶标记物、NSP抗体加入微富集管，于37℃水浴中孵育30min，取出后用缓冲溶液稀释到200μL，重力进样，运行电泳并记录。

4.4　酶联免疫吸附（ELISA）法测定NSP

将包被孔编号，加入标准样品或待测样品100μL，在各孔中各加入酶结合物50μL、抗体溶液50μL，盖好后摇动30s，室温下反应60min。然后剧烈振荡几下，弃之，用洗涤缓冲液（1X）洗涤各孔，反复3次，每次每孔用量不少于250μL，最后在吸水纸上拍干。向各孔中加入四甲基联苯胺（TMB）底物溶液各150μL，室温下反应20min。反应后，每孔加入终止液100μL，用空白孔调零，在15min内于酶标仪（波长450nm）上读取吸光度（OD）值。

五、分析结果表述

按照浓度及吸光度响应值绘制标准工作曲线，并在曲线上根据未知样品的响应数值，查出对应的毒素含量。毛细管电泳例图见图5-4。

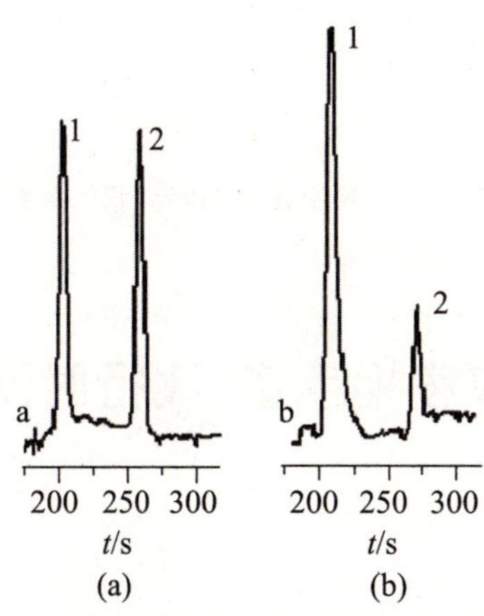

图5-4　过量的NSP酶标记抗原（Ag*）与抗原-抗体复合物（Ag*-Ab）的电泳谱图

图（a）为只加酶标抗原不加实际样品，过量标准酶标抗原（Ag＊）与一定量抗体（Ab）孵化后的混合物；图（b）为同时加入酶标抗原和实际样品，扇贝样品（抗原 Ag）与过量标准酶标抗原（Ag＊）与一定量抗体（Ab）孵化后的混合物。

六、其他

按上述实验方法对标准 NSP 稀释液进行测定，结果表明，本法测定 NSP 的线性范围为（1.0～50.0）ng/mL，检测限为 0.1 ng/mL。工作曲线（图 5－5）的线性回归方程为 $y=0.6129x+0.03151$（其中 x 为 NSP 浓度，ng/mL，y 为峰面积，μC，$n=5$），其相关系数 $r=0.9988$。

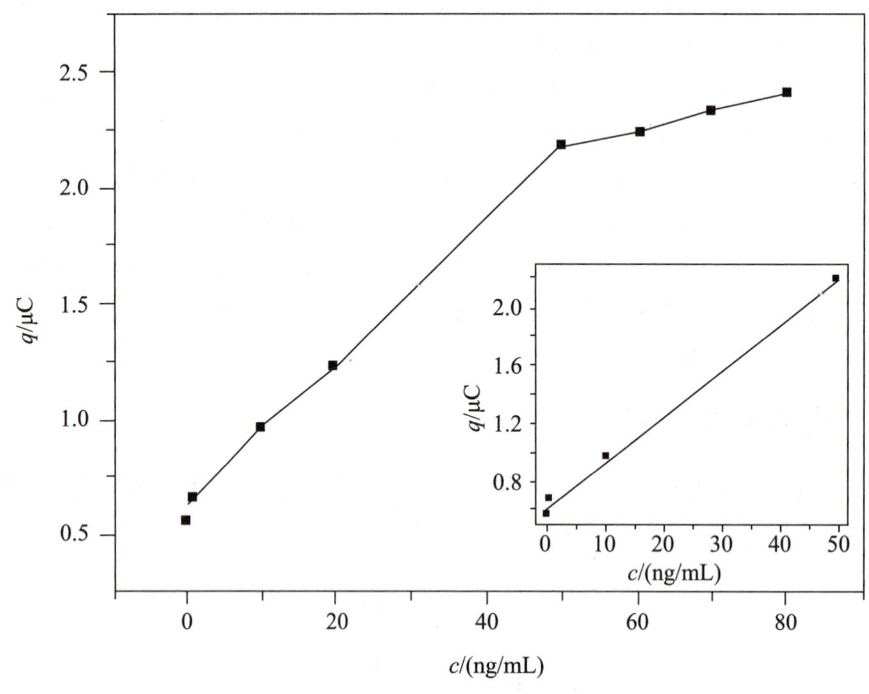

图 5－5　NSP 浓度与峰面积的关系

第四节　高效液相色谱-飞行时间质谱联用法

一、原理

采用高效液相色谱/四极杆—飞行时间质谱（HPLC/Q－TOFMS）联用技术对贝类样品中的短裸甲藻毒素 PbTx－2 进行了检测研究。样品经丙酮提取、C18 小柱净化后，用 Zorbax XDB－C18 色谱柱（2.1mmi. d. x150mm，3.5μm ）进行分离，流动相为甲醇—水（体积比为 85：15）溶液（含 0.5mmol/L NH_4Ac），流速 0.20mL/min。电喷雾正离子模式，选择质子化 PbTx－2 分子离子 $[M+H]^+$ 作为前体离子进行 Q－TOFMS 扫描、测定。由于 Q－TOFMS 具有高分辨率，能进行精确质量测定而不降低灵敏度，因此该方法可作为确证分析方法。

二、试剂与材料

2.1 PbTx－2 标准品。

2.2 甲醇（HPLC 级）。

2.3 醋酸铵（光谱纯）。

2.4 其他试剂为分析纯。水由 Milli－Q 净化系统（Millipore 公司）制得。

2.5 PbTx－2 标准溶液：准确称取适量的 PbTx－2 标准品，用甲醇配制成 10mg/L的标准储备液，将此储备液置于－20℃中保存。根据需要可将储备液再稀释成适当浓度的中间溶液。

三、仪器与设备

3.1 高效液相色谱仪-四极杆-飞行时间质谱仪。

3.2 C18 小柱（3mL）。

3.3 固相萃取装置（Supelco 公司）。

3.4 Turbo Vap LV 样品自动浓缩装置（zymark 公司，USA）。

3.5 Knifetec 1095 均质机（Hoganas 公司，瑞典）。

3.6 离心机（IEC Centra MP4，International Equipment Co.，USA）。

四、分析步骤

4.1 样品制备

称取已匀浆的贝类样品 1.0 g，置于洁净的 10mL 带刻度的玻璃锥形管中，加注丙酮至 6mL，涡旋混匀，离心（3500r/min，10min。取 3.0mL 上清液，过 C18 小柱［C18 小柱预先用 10mL 丙酮/水（80∶20，体积比）活化］，收集馏分，加 2mL 水淋洗，在合并的馏分（约 5mL）中加入 10mL 水，混匀，再注入 C18 小柱中，依次用 5mL 乙醇/水（20∶80，体积比）和 4mL 乙醇/水（30∶70，体积比）淋洗，最后用 2mL 乙醇洗脱，洗脱液于 48 ℃水浴中用氮气流吹干，残余物用 400μL 甲醇溶解，供测试。

4.2 色谱-质谱条件

4.2.1 色谱条件

Zorbax XDB－C18 色谱柱（2.1mmi. d. x150mm，3.5μm，Agilent 公司），symmetry C18 预柱（20mmi. d. x3.9mm，5μm，Waters 公司），流动相 MeOH－H_2O（85∶15，体积比），含 0.5mmol/L NH_4Ac，流速 0.20mL/min。

4.2.2 质谱条件

电喷雾正离子模式，毛细电压 3.0 kV，锥电压 55 V，源温度 120 ℃，喷雾温度 375 ℃，锥气流速 60 L/ h，喷雾气流速 420 L/ h，碰撞电压 5 V。选择质子化 PbTx-2 分子离子 $[M+H]^+$ 作为前体离子进行 TOFMS 扫描、测定。

4.3 空白实验

除不加试样外，均按上述测定步骤进行。

五、分析结果表述

试样中神经性贝类毒素含量按公式（5-2）计算：

$$X_i = \frac{c_i \times V \times 1000}{m \times 1000} \times f \qquad (5-2)$$

式中：

X_i——试样中神经性贝类毒素的含量，单位为微克每千克（μg/kg）；

c_i——从基质校正标准曲线中得到的试样中神经性贝类毒素溶液浓度，单位为纳克每毫升（ng/mL）；

V——样品溶液最终定容体积，单位为毫升（mL）；

f——稀释因子；

m——最终样品溶液所代表试样质量，单位为克（g）；

计算结果应扣除空白值。

以重复性条件下获得的两次独立测定结果的算术平均值表示，结果保留 3 位有效数字。

六、其他

取适量 PbTx-2 标准液加入到 1g 空白贝类样品中，使添加量相当于 0.1μ/g，0.8μ/g，1.6μ/g，按样品制备所述步骤进行样品处理。图 5-6（a）是空白样品的色谱图，图 5-6（b）是添加样品的色谱图及其对应的质谱图。

采用外标法计算回收率，制作工作曲线时应与添加样品同时进行，以空白样品的基体配制标准液。表 5-1 为回收率结果，可以看出，加标平均回收率为 91%～94%，相对标准偏差（RSD）为 11%～12%。实验确定检测限为 0.5ng（$S/N=3$），定量检测限为 0.1μg/g。

表 5-1 加标法测得 PbTx-2 的回收率及其精密度（$n=7$）

Added（添加水平）/（μg/g）	Rec.（回收率）/%	Ave. rec.（平均回收率）/%	RSD（相对标准偏差）/%
0.1	84，103，82，87，109，97，84	92	12
0.8	81，89，83，107，102，94，86	91	11
1.6	84，97，103，81，95，87，109	94	11

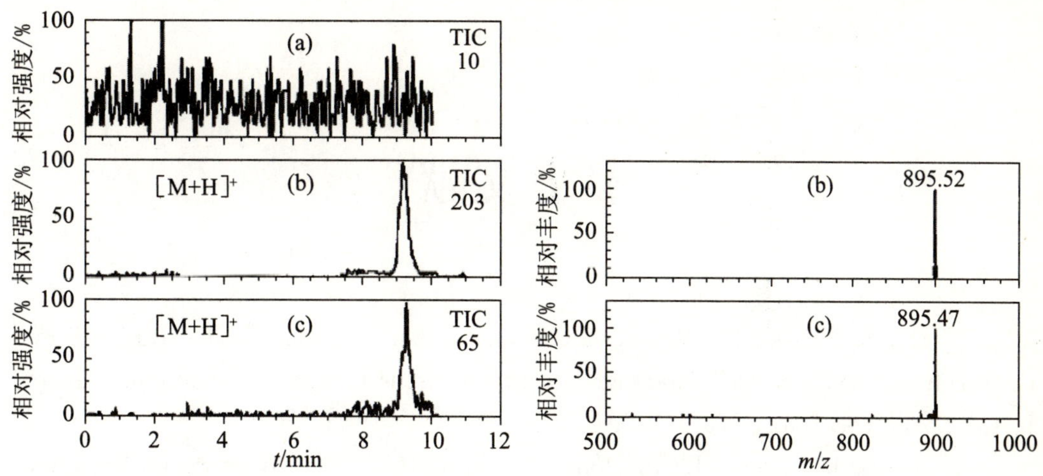

图 5-6　空白样品（a）添加样品（0.8μg/g）（b）和实际样品（c）的 LC/Q-TOFMS 图

参考文献

[1] Lin Y., Risk M., Ray S. M., et al., 1981. Isolation and structure of brevetoxin B from the "red tide" dinoflagellate Ptychodiscus brevis (Gymnodinium breve). J. Am. Chem. Soc. 103, 6773 - 6775.

[2] Golik J., James J. C., Nakanishi K., 1982. The structure of brevetoxin C. Tetrahedron Lett. 23, 2535 - 2538.

[3] Chou H., Shimizu Y., 1982. A new polyether toxin from Gymnodinium breve Davis. Tetrahedrom. Lett. 23, 5521 - 5524.

[4] Nakanishi K., 1985. The chemistry of brevetoxins: a review. Toxicon 23, 473 - 479.

[5] Ishida H., Nozawa A., Totoribe K., et al., 1995. Brevetoxin B1, a new polyether marine toxin from the New Zealand shellfish, Austrovenus stutchburyi. Tetrahedron Lett. 36, 725 - 728.

[6] Murata M., Satake M., Naoki H., et al., 1998. Isolation and structure of a new brevetoxin analog, brevetoxin B2, from greenshell mussels from New Zealand. Tetrahedron. 54, 735 - 742.

[7] Morohashi A., Satake M., Murata K., et al. 1995. Brevetoxin B3, a new brevetoxin analog isolated form the greenshell mussel Perna canaliculus involved in neurotoxic shellfish poisoning in New Zealand. Tetrahedron Lett. 36, 8995 - 8998.

[8] Shimizu Y. 1993. Microalgal metabolites. Chem. Rev. 93, 1685 - 1698.

[9] Nozawa A., Tsuji K. and Ishida H. 2003. Implication of brevetoxin B1 and PbTx - 3 in neurotoxic shellfish poisoning in New Zealand by isolation and quantitative determination with liquid chromatography - tandem mass spectrometry. Toxicon 42, 91 - 103.

[10] Fleming L. E. and Baden D. G. 1999. Florida red tide and human health: Background (available at www. redtide. whoi. edu/hab/illness/floridaredtide. html)

[11] Baden D. G. and Mende T. J. 1982. Toxicity of two toxins from the Florida red tide marine dinoflagellate, Ptychodiscus brevis. Toxicon 20 (2), 457 - 461.

[12] Fleming L. E., Bean J. A. and Baden D. G. 1995. Epidemiology and public health. In Hallegraeff G. M., Anderson D. M. and Cembella A. D., [eds.] Manual on harmful marine microalgae. pp475 - 487. UNESCO.

[13] Tibbets J. 1998. Toxic Tides. Environ. Health Perspect 106 (7), a326 - a331.

第六章　河豚毒素与检测

第一节　河豚毒素概述

一、化学结构与理化性质

在很长一段时间内人们认为河豚毒素（Tetrodotoxin，TTX）是河豚鱼特有的一种毒性物质，因此人们用河豚鱼的名字来命名该活性物质。直到 1964 年，人们从加利福尼亚的一种蝾螈体内检测到河豚毒素，才改变了这种说法[1]。除 TTX 本身外，已阐明化学结构的衍生物有：4 - *epi*TTX、6 - *epi*TTX、4，9 - anhydroTTX、6 - *epi* - 4，9 - anhydroTTX、5 - deoxyTTX、11 - deoxyTTX、5，6，11 - trideoxyTTX、11 - norTTX - 6（S）- ol、11 - norTTX - 6（R）- ol、11 - norTTX - 6，6 - diol 和 11 - oxoTTX，它们的化学结构如图 6 - 1 所示。

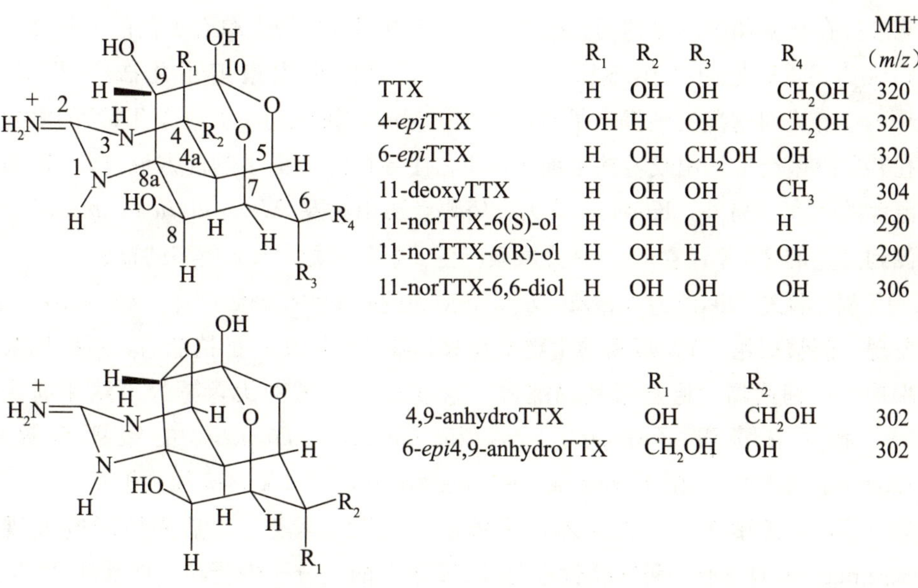

	R_1	R_2	R_3	R_4	MH^+ (*m/z*)
TTX	H	OH	OH	CH_2OH	320
4-*epi*TTX	OH	H	OH	CH_2OH	320
6-*epi*TTX	H	OH	CH_2OH	OH	320
11-deoxyTTX	H	OH	OH	CH_3	304
11-norTTX-6(S)-ol	H	OH	OH	H	290
11-norTTX-6(R)-ol	H	OH	H	OH	290
11-norTTX-6,6-diol	H	OH	OH	OH	306

	R_1	R_2	MH^+ (*m/z*)
4,9-anhydroTTX	OH	CH_2OH	302
6-*epi*4,9-anhydroTTX	CH_2OH	OH	302

图 6 - 1　河豚毒素的化学结构[2]

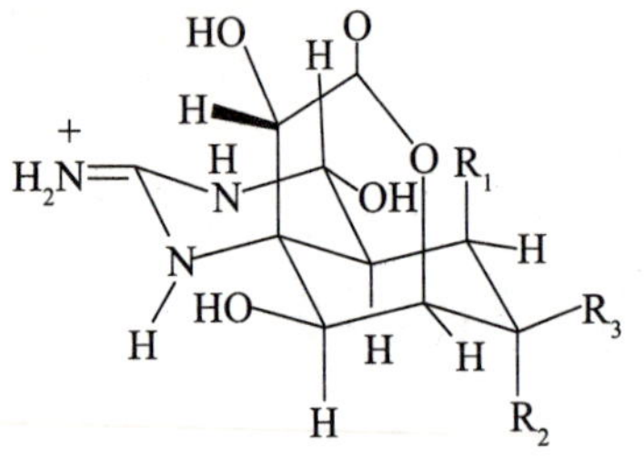

	R_1	R_2	R_3	
5-deoxyTTX	H	OH	CH_2OH	304
5,6,11-trideoxyTTX	H	H	CH_3	272

图 6-1（续）

TTX 为白色结晶，无味，微溶于水，易溶于醋，不溶于有机试剂；对酸作用稳定，对碱不稳定，没有确定熔点，对光和热极稳定，100℃时 6h 不能将其完全破坏。河豚毒素属于钠离子通道阻滞剂，抑制钠离子的通透性，从而阻断神经冲动的传导，引起麻痹。

二、中毒途径与毒性

河豚肌肉一般无毒，但是其卵、卵巢、肝脏、皮肤及血液中含有较多的毒素，且因为毒素稳定，不能由日晒、盐腌及一般炒菜破坏，所以使用处理不当的河豚，会吸收毒素从而中毒。在后来的研究中发现，TTX 广泛存在于脊椎动物和无脊椎动物体内，除常见的河豚鱼之外，在扁形虫、纽形虫、软体动物、节肢动物、毛颚类动物、棘皮动物、尾索动物和两栖动物中的某些生物中也有分布[3-11]。在软体动物中，含有河豚毒素的生物主要属于腹足纲，如织纹螺科、骨螺科、蛙螺科、玉螺科、法螺科和峨螺科中的部分生物，能够产生或者积累 TTX 造成食用者中毒。由腹足纲软体动物引起的中毒事件在日本和中国台湾均有报道[12,13]。有关 TTX 的生源论一直存在分歧，一方面人们认为 TTX 是由共生细菌产生的[14-16]，目前有人报道了几株产 TTX 的细菌[17-19]，也有人对这些发现提出了异议[20-22]。另一方面认为在某些含 TTX 的生物体内不存在共生细菌产毒作用或者共生细菌并不占主导地位，更多的证据说明 TTX 的产生是自源性的[23-25]。另外，Kodama 等人在塔玛亚历山大藻 *Alexandrium tamarense* 细胞中检测到大量的 TTX 毒素[26]。有关微藻产生 TTX 的说法未见更多的报道。

TTX 对小鼠的 LD_{50} 约为 8μg/kg（i. p.），对人的最小致死剂量只有（0.5～1.0）mg[27]。研究发现，能够积累 TTX 毒素的生物本身对其毒性有较高的抵抗能力，可以用来作为自我保护的有利武器，逃避天敌的捕食。据报道，TTX 对无毒蟹最小致死剂量低于 1μg/kg，而对有毒蟹 *Zosimus aeneus* 和 *Atergatis floridus* 的致死剂量高达（10～20）mg/kg[28-30]。蟹 Hemigrapsus sanguineus 对 TTX 具有很强的抵抗力，它的神经对 TTX 非常敏感，但在其体内未检测到 TTX 毒素[29]。后来的研究发现，在 H. sanguineus 体内含有一种选择性地与 TTX 结合的大分子糖蛋白，能够使 TTX 的毒性失活，中和能力约为 6.7MU TTX/mg 糖蛋白，但这种作用对 PSP 毒素是无效的[31,32]。鉴于 TTX 的毒性强，染毒生物的种类多，地理分布范围广，应加强这方面的研究工作，加大宣传研究成果，避免人误食中毒事件的发生。

三、毒理作用

TTX是一种毒性很强的神经性毒素，其毒性作用机理、产生的中毒症状与PSP毒素非常相似，都是以胍基作为功能基团，作用于Na^+通道的5位点，阻断Na^+内流，麻痹生物的神经和肌肉。其结构特征是有一个碳环，一个胍基，六个羟基，在C-5和C-10位上有一个半醛糖内酯连接着的分开的环。TTX的活性基因是1，2，3位上的胍氨基和附近的C-4，C-9，C-10位上的羟基，胍基在生理pH值下发生质子化，形成正电性区域和钠离子通道受体蛋白的浮点型羰基相互作用，从而阻碍离子进入通道，钠离子受体至少有六个特异性靶分子结合位点，TTX与受体部位1结合：YYX受体位于可兴奋细胞膜外侧，钠通道外口附近，TTX与受体部位结合，阻碍钠离子接近通道外口。此外，TTX特异性作用于钠通道，对钾、钙通道和神经肌肉的突触及胆碱酯酶无直接影响。

四、中毒表现

TTX是一种非蛋白质、高活性的神经毒素，进入人体后可以抑制神经细胞膜对钠离子通道的通透性，使神经麻痹。其潜伏期为（0.5～3）h，主要中毒症状表现为：初期面部潮红，头痛，剧烈恶心、呕吐、腹泻腹痛，继而感觉神经麻痹，如嘴唇、舌体、手指麻木、刺痛；然后出现运动神经症状，如手、臂、腿等部位等肌肉无力，运动艰难，身体摇摆，语言不清，甚至因全身麻木而瘫痪。严重者可导致血压下降，心跳过缓，呼吸困难，以致因呼吸衰竭而死。TTX使神经末端和神经中枢麻痹，进而使神经中枢和血管神经中枢出现麻痹，危及生命。

第二节　小鼠生物检测技术

一、原理

根据河豚毒素易溶于酸性溶液的原理，试样制备后经2次0.5%乙酸溶液煮沸提取，20000g离心收集上清液，将2次上清液合并并定容至25mL，用于小鼠生物试验，根据小鼠注射提取液后的死亡时间，查出鼠单位，并按小鼠体重校正鼠单位，计算确定河豚毒素含量。

二、试剂与材料

除另有规定外，所有试剂均为分析纯，水符合GB/T 6682中三级水的要求。

2.1　0.5%乙酸溶液：将5mL乙酸用水稀释至1L。

2.2 小白鼠：28 日龄，体重 19g～21g 的无特定病原体级（SPF）昆明系雄性健康小鼠。

三、试样制备与保存

3.1 冷冻样品装于密封塑料袋内于流水下极速解冻，蒸馏水洗净后用滤纸擦干，分解成肌肉组织、肝脏、皮肤等部分，分别称量后将各组织剪碎，充分均质。

3.2 对于肌肉组织，准确移取样品 10.0g 于 50mL 离心管中，加入 0.5%乙酸溶液 11mL，充分混匀，沸水浴中煮沸 10min，不断搅拌以防止组织结块。

3.3 冷却至室温，20000g 高速离心 20min，移取上清液于 50mL 离心管中。

3.4 向沉淀中加入 0.5%乙酸溶液 11mL 充分混匀，沸水浴中煮沸 5min，不断搅拌以防止组织结块。

3.5 冷却至室温，20000g 高速离心 20min，取上清液，将 2 次离心上清液合并混匀，用 0.5%乙酸定容至 25mL，此提取液 1mL 相当于原脏器或者组织的 0.4g。

3.6 肝脏和皮肤的处理方法为：用 0.5%乙酸处理后，不需要煮沸直接 20000g 高速离心 20min，取上清液，将 2 次离心上清液合并混匀，用 0.5%乙酸定容至 25mL。另外，因肝脏中含有大量水分，在加入乙酸提取时，应尽量减少乙酸溶液体积（8mL 为宜），以防止 TTX 提取液稀释倍数过大。

注 1：制备样品时，如果样品完全解冻，取样时，组织中的毒素有可能会转移到其他组织中，因此，对于冷冻原料，要在半解冻的情况下进行取样操作。制备样品若不能及时检验，应置于 4℃冰箱保存，在 24h 内检验。

注 2：作为样品的脏器或者组织不足 10g 的情况下，按照以上方法进行提取操作，适量减少抽出液。

注 3：提取液里不含有离心分离液表面上被分离出来的油状物、类似明胶样的物质或者脂质类。

四、分析步骤

4.1 选取 19.0g～21.0g 的无特定病原体级（SPF）昆明系雄性健康小鼠 6 只，称取并记录质量。随机分为实验组和空白对照组 2 组，每组 3 只。

4.2 对每只实验小鼠腹腔注射 1mL 提取液或空白对照液（0.5%乙酸）。注射过程中如果有 1 滴以上提取液溢出，应该将该只小鼠丢弃，并重新注射一只小鼠。

4.3 记录注射完毕时间，仔细观察并记录小鼠停止呼吸时的死亡时间（到小鼠呼出最后一口气为止）。

4.4 若注射样品原液后，小鼠死亡时间小于 7min，则按表 6-1 计算出样品原液 1mL 中所含的毒量，以这个值为基准，配制出使小鼠在（7～13）min 死亡所需的稀释液浓度，再注射至少三只小鼠以确定样品的毒力。稀释时使用 0.5%乙酸。

4.5 若注射样品原液后，小鼠的死亡时间大于 13min，则直接根据中间致死时间确定样品的毒力。

4.6 小鼠中毒死亡症状：被注射了河豚毒素的小鼠初期安静，呼吸困难、急促，腹部收缩加快，反应迟钝，继而出现突然疾走、急跑急跳、四处乱窜、东倒西歪、翻转乱跳等挣扎动作，数十秒后，小鼠后腿剧烈抽搐，2～3 次后爬卧不起，腹部呼吸逐渐微弱减慢，最后死亡。以停止呼吸作为判断死亡的标准。

五、结果计算与判断

根据试验中所得小鼠致死时间，算出中间致死时间，然后按照表 6－1 计算出毒量（若中间致死时间刚好处于表 6－1 中给出的两时间中间时，则取两时间中较大的时间差；若介于表 6－1 中给出的两时间中不正好处于中间时，则取更接近于中间致死时间的值）。1MU 的定义为使体重 20.0g 的无特定病原体级（SPF）昆明系雄性小鼠 30min 死亡的毒量，相当于 0.18μg 的 TTX。用得出的 MU 值乘以稀释倍数计算出 1g 原样品相对应的 MU。每克样品中河豚毒素的含量按式（6－1）计算：

$$X = MEDW \qquad (6-1)$$

式中：

X——每克样品中 TTX 的含量，MU；

M——每毫升注射液的鼠单位，MU/mL；

E——提取系数，本方法提取系数为 3.11；

D——稀释倍数；

W——质量校正系数。

示例：从 10.0g 脏器提取 25mL 样品原液对 3 只小鼠进行试验，若中间致死时间是 5min 15s，小鼠体重为 19.5g，样品原液的毒力约为 3.58MU/mL。按表 6－1 可以推测，稀释 2 倍后死亡时间约为 10min。配制 2 倍稀释液进行试验，若得出中间致死时间为 10min，则稀释液的毒力即为 1.80MU/mL。因为稀释倍数是 2，提取系数为 3.11，质量校正系数为 0.98，所以毒力计算如下：

原样品 1g 的毒力＝1.80×3.11×2×0.98＝10.97MU

注：本试验方法的检出限为 3.11MU/g。

六、结果报告

在空白对照组小鼠正常的情况下，对河豚鱼各组织河豚毒素含量进行如下判断和表述：

a）若小鼠的死亡时间大于 30min，结果报告为＜3.11MU/g 肌肉组织/肝脏/皮肤。

b）若小鼠的死亡时间小于 30min，按照“五、结果计算与判断”进行计算，得到实际结果报告，待测样品中河豚毒素含量为：×××MU/g 肌肉组织/肝脏/皮肤。

c）若 3 只小鼠死亡时间不都小于 30min 或不都大于 30min，则需重新注射 3 只小鼠，以确保 3 只小鼠死亡时间都小于 30min 或都大于 30min，结果据此判定；若重复注射 3 只小鼠，死亡时间仍出现第一次小鼠死亡情况，则需根据第一次注射 3 只小鼠的中间致死时间判定结果。

七、注意事项

为避免毒素的危害，应戴手套进行检验操作。移液器吸嘴等用过的器材应在浓的氢氧化钠溶液中浸泡 1h 以上，以使毒素分解。同样，废弃的提取液等也应以浓氢氧化钠溶液处理。小鼠饲养及小鼠使用过程应遵循科技部颁布的《关于善待实验动物的指导性意见》。小鼠尸体应按 GB 14925 要求焚烧处理，其排放物应达到污物焚烧排放规定的要求。

表 6-1 河豚毒素致死时间-小鼠单位（MU）换算表

致死时间 min：s	MU	致死时间 min：s	MU	致死时间 min：s	MU
4:00	6.13	7:00	2.48	14:00	1.42
:05	5.80	:10	2.42	:30	1.40
:10	5.52	:20	2.36	15:00	1.36
:15	4.11	:30	2.31	:30	1.34
:20	5.06	:40	2.26	16:00	1.32
:25	4.85	:50	2.21	:30	1.29
:30	4.67	8:00	2.18	17:00	1.27
:35	4.52	:15	2.11	:30	1.26
:40	4.35	:30	2.06	18:00	1.24
:45	4.22	:45	2.00	:30	1.22
:50	4.09	9:00	1.95	19:00	1.20
:55	3.96	:15	1.92	:30	1.19
5:00	3.86	:30	1.87	20:00	1.18
:05	3.75	:45	1.84	:30	1.15
:10	3.66	10:00	1.80	21:00	1.14
:15	3.58	:15	1.76	:30	1.13
:20	3.49	:30	1.73	22:00	1.12
:25	3.41	:45	1.71	:30	1.11
:30	3.33	11:00	1.67	23:00	1.09
:35	3.27	:15	1.65	:30	1.08
:40	3.20	:30	1.62	24:00	1.07
:45	3.14	:45	1.60	:30	1.06
:50	3.08	12:00	1.58	25:00	1.06
:55	3.02	:15	1.55	26:00	1.04

表6-1（续）

致死时间 min：s	MU	致死时间 min：s	MU	致死时间 min：s	MU
6:00	2.96	:30	1.53	27:00	1.02
:10	2.86	:45	1.52	28:00	1.01
:20	2.78	13:00	1.49	29:00	1.01
:30	2.69	:15	1.48	30:00	1.00
:40	2.61	:30	1.46		
:50	2.55	:45	1.45		

第三节　酶联免疫检测技术

一、原理

样品中的河豚毒素经提取、脱脂后与定量的特异性酶标抗体反应，多余的游离酶标抗体则与酶标板内的包被抗原结合，加入底物后显色，与标准曲线比较来测定TTX含量。

二、样品制备与保存

2.1　样品采集及运输

现场采集样品后立即于4℃冷藏，并于当天运至实验室进行检验。如果路途遥远，可于当天进行冷冻，并应保存在冷冻状态中运输至检验实验室。

2.2　取样

对冷藏样品或冷冻后解冻的样品，用蒸馏水清洗鱼体表面的污物，滤纸吸干鱼体表面的水分后用剪刀将鱼体分解成肌肉、肝脏、肠道、皮肤、卵巢（雄性为精囊）等部分，各部分组织分别用蒸馏水洗去血污，滤纸吸干表面的水分后称重。

2.3　样品提取

2.3.1　将待测河豚组织用剪刀剪碎，加入5倍体积1%的乙酸溶液（即1g组织中加入0.1%乙酸5mL），用组织匀浆器磨成糊状。

2.3.2　取相当于5g河豚组织的匀浆糊（25mL）于烧杯中，置温控磁力搅拌器上边加热边搅拌，达100℃时持续10min后取下，冷却至室温后，8000r/min离心15min，快速过滤于125mL分液漏斗中。

2.3.3　滤纸残渣用20mL 0.1%乙酸分次洗净，洗液合并于原烧杯中，置于温控磁力搅拌器上边加热边搅拌，达100℃时持续3min后取下，8000r/min离心15min过滤，滤液合并于 2.3.2 分液漏斗中。

2.3.4　在 2.3.2 分液漏斗的清液中加入等体积乙醚振摇脱脂，静置分层后，放出水层至另一分液漏斗中并以等体积乙醚再重复脱脂一次，将水层放入 100mL 锥形瓶中，减压浓缩去除其中残存的乙醚后，将提取液移入 50mL 容量瓶中。

2.3.5　将 2.3.4 的提取液用 1mol/L NaOH 溶液调 pH 至 6.5～7.0，并用 PBS 定容至 50mL，立即用于检测（每毫升提取液相当于 0.1g 河豚组织样品）。

2.3.6　当天不能检测的提取液经减压浓缩去除其中残存的乙醚后不用 NaOH 调 pH，密封后于－20℃以下冷冻保存，在检测前调节 pH 并定容至 50mL，立即检测。

三、检测步骤

3.1　包被酶标微孔板

包被酶标微孔板用 BSA－HCHO TTX 人工抗原包被酶标板，120μL/孔，4℃静置 12h。

3.2　抗体抗原反应

将辣根过氧化物酶标记的纯化 TTX 单克隆抗体稀释后分别：

a）与等体积不同浓度的河豚毒素标准溶液在 2mL 试管内混合后，于 4℃静置 12h 或 37℃温育 2h 备用。此液用于制作 TTX 标准抑制曲线。

b）与等体积样品提取液在 2mL 试管内混合后，4℃静置 12h 或 37℃温育 2h 备用。此液用于测定样品中 TTX 含量。

3.3　封闭

已包被的酶标板用 PBS－T 洗 3 次（每次浸泡 3min）后，加封闭液封闭，200μL/孔，置于 37℃温育 2h。

3.4　测定

封闭后的酶标板用 PBS－T 洗 3×3min 后，加抗原抗体反应液（在酶标板的适当孔位加抗体稀释液作为阴性对照），100μL/孔，37℃温育 2h，酶标板洗 5×3min 后，加新配制的底物溶液，100μL/孔，37℃温育 10min 后，每孔加入 50μL 2mol/L 的 H_2SO_4 终止显色反应，于波长 450nm 处测定吸光度值。

四、结果计算

样品中 TTX 的含量按式（6－2）计算：

$$X = m_1 VD / V_1 m \qquad (6-2)$$

式中：

X——样品中 TTX 的含量，单位为微克每千克（μg/kg）；

m_1——酶标板上测得的 TTX 的质量，单位为纳克（ng），根据标准曲线按数值插入法求得；

V——样品提取液的体积，单位为毫升（mL）；

D——样品提取液的稀释倍数；

V_1——酶标板上每孔加入的样液体积，单位为毫升（mL）；

m——样品质量，单位为克（g）。

第四节　液相色谱-荧光检测以及液相色谱-串联质谱法检测

一、原理

试样中含有的河豚毒素采用酸性甲醇提取，提取液浓缩后，通过C18固相萃取小柱净化，以液相色谱-柱后衍生荧光法测定，液相色谱-串联质谱法确证，外标法定量。

二、样品制备与保存

制样操作过程中应防止样品受到污染或发生残留物含量的变化。由于河豚毒素为剧毒物质，对于可能含有河豚毒素的产品，应避免直接接触或误食，相关的器皿和器具可以采用4%碳酸钠溶液浸泡加热去毒处理。

2.1　试样制备

从所取全部样品中取出有代表性样品的可食部分约500g，切成小块，放入组织捣碎机均质，充分混匀，装入清洁容器内，并标明标记。

2.2　试样保存

试样于－18℃以下保存，新鲜或冷冻的组织样品可在2℃～6℃贮存72h。

三、测定步骤

3.1　提取

称取5.00g匀浆样品置于50mL聚丙烯离心管中，加入20mL 1%乙酸甲醇溶液，旋涡振荡2min，50℃水浴超声提取20min，4000r/min离心5min，取上清液，在残渣中再加入20mL 1%乙酸溶液洗脱，合并流出液，与洗脱液置于25mLK—D浓缩瓶中，于60℃下减压浓缩至近干，用1%乙酸溶液定容1mL，通过0.2μm滤膜，供液相色谱分析。进行液相色谱-串联质谱确证时，将样液装入离心超滤管中，13000r/min离心15min，取滤液测定。

3.2　空白基质溶液的制备

称取阴性样品5.00g，按3.1操作。

3.3　测定条件

3.3.1　液相色谱参考条件

a）色谱柱：Purospher Star PR－18e C18，柱，5μm，250mm×4.6mm（内径）或相当者；

b）柱温：30℃；

c）流动相：乙腈—乙酸铵缓冲液（1＋19）；

d）流速：1.0mL/min；

e）激发波长：385nm，发射波长：505nm；

f）进样量：40.0μL。

3.3.2 柱后衍生参考条件

a）衍生溶液：4mol/L 氢氧化钠溶液；

b）衍生溶液流速：0.5mL/min；

c）衍生管温度：110℃。

3.3.3 色谱测定

根据试样中被测物的含量情况，选取响应值适宜的标准工作液进行色谱分析。标准工作液和待测样液中河豚毒素的响应值应在仪器线性响应范围内。标准工作液与待测样液等体积进样。在上述色谱条件下，河豚毒素的参考保留时间为10.3min，根据标准溶液色谱峰的保留时间和峰面积，对样液的色谱峰进行定性并外标法定量。标准品高效液相色谱图参见图6－2。

3.4 确证

3.4.1 液相色谱—串联质谱条件

a）色谱柱：Atlantis TM HILIC Silica①，3μm，150mm×2.1mm（内径）或相当者；

b）流动相：乙腈-0.1%甲酸溶液（17＋8）；

c）柱温：30℃；

d）进样量：10μL；

e）流速：200μL/min；

f）离子源：电喷雾源ESI，正离子模式；

g）扫描方式：多反应监测（MRM）；

h）离子源温度：500℃；

i）雾化气、气帘气、辅助加热气、碰撞气均为高纯氮气及其他合适气体；使用前应调节各气体流量以使质谱灵敏度达到检测要求；

j）仪器工作所需电压值应优化至最优灵敏度；

k）定性离子对、定量离子对、碰撞池出口电压和碰撞气能量见表6－2。

表6－2 定性离子对、定量离子对、碰撞池出口电压和碰撞气能

化合物中文名称	化合物英文名称	定性离子对（m/z）	定量离子对（m/z）	碰撞气能量/V	碰撞池出口电压/V
河豚毒素	Tetrodotoxin	320/302 320/162	320/162	30 30	60 60

① AtlantisTM HILIC Silica色谱柱是Waters公司产品的商品名称，给出这一信息是为了方便本标准的使用者，并不是表示对该产品的认可。如果其他等效产品具有相同的效果，则可使用这些等效产品。

3.4.2　液相色谱—串联质谱确证

将基质标准工作液和 3.1 中所得滤液（必要时用乙睛稀释至适当浓度）用 LC - MS/MS 测定。如果样液中与标准工作液相同的保留时间有检测离子峰出现，则对其进行质谱确证。河豚毒素标准溶液的液相色谱—串联质谱图参见图 6 - 2。

3.4.3　定性标准

3.4.3.1　保留时间

待测样品中化合物色谱峰的保留时间与标准溶液相比变化范围应在±2.5 环之内。

3.4.3.2　信噪比

待测化合物的定性离子的重构离子色谱峰的信噪比应大于等于 3($S/N \geqslant 3$)。

3.4.3.3　定量离子、定性离子及子离子丰度比

每种化合物的质谱定性离子必须出现，至少应包括一个母离子和两个子离子，而且同一检测批次，对同一化合物，样品中目标化合物的两个子离子的相对丰度比与浓度相当的标准溶液相比，其允许偏差不超过表 6 - 3 规定的范围。

表 6 - 3　定性确证时相对离子丰度的最大允许偏差

相对离子丰度 K	$K>50$	$20<K<50$	$10<K<20$	$K\leqslant 10$
允许的相对偏差/%	±20	±25	±30	±50

3.5　平行试验

按以上步骤，对同一试样进行平行试验测定。

3.6　回收率试验

在阴性样品中添加适量标准溶液，按 3.1 和 3.2 操作，测定后计算样品添加的回收率。河豚毒素的添加浓度及其回收率范围的试验数据参见表 6 - 5。

四、结果计算

用数据处理软件中的外标法或绘制标准曲线，按式（6 - 3）计算试样中河豚毒素含量：

$$X=\frac{(c-c_0)\times V}{m} \quad \cdots\cdots (6-3)$$

式中：

X ——试样中河豚毒素含量的数值，单位为微克每千克（μg/kg）；

c ——由标准曲线而得的样液中河豚毒素含量的数值，单位为微克每升（μg/L）；

c_0 ——由标准曲线而得的空白实验中河豚毒素含量的数值，单位为微克每升（μg/L）；

V ——样品最终定容体积，单位为毫升（mL）；

m ——最终样液代表的试样量，单位为克（g）。

计算结果应扣除空白值。

五、精密度

5.1　一般规定

本方法的精密度数据是按照 GB/T6379.1 和 GB/T6379.2 的规定确定的，重复性和再现性的值是以 95％的可信度来计算。

5.2　重复性

在重复性条件下，获得的两次独立测试结果的绝对差值不超过重复性限 r，被测物的添加浓度范围及重复性方程见表 6－4。

表 6－4　河豚毒素的添加浓度范围及重复性和再现性方程

单位为毫克每千克

化合物名称	添加浓度范围	样品基质	重复性限 r	再现性 R
河豚毒素	50～500	河豚鱼	$\lg r = 0.8005\lg m - 0.2689$	$\lg R = 0.9471\lg m - 0.4329$
		织纹螺	$\lg r = 0.8667\lg m - 0.2338$	$\lg R = 0.9826\lg m - 0.6637$
注：m 为两次测定结果的算术平均值。				

如果差值超过重复性限，应舍弃试验结果并重新完成两次单个试验的测定。

5.3　再现性

在再现性条件下，获得的两次独立测试结果的绝对差值不超过再现性限 R，被测物的添加浓度范围及再现性方程见表 6－4。

附录：河豚毒素标准物质液相色谱图

见图 6－2。

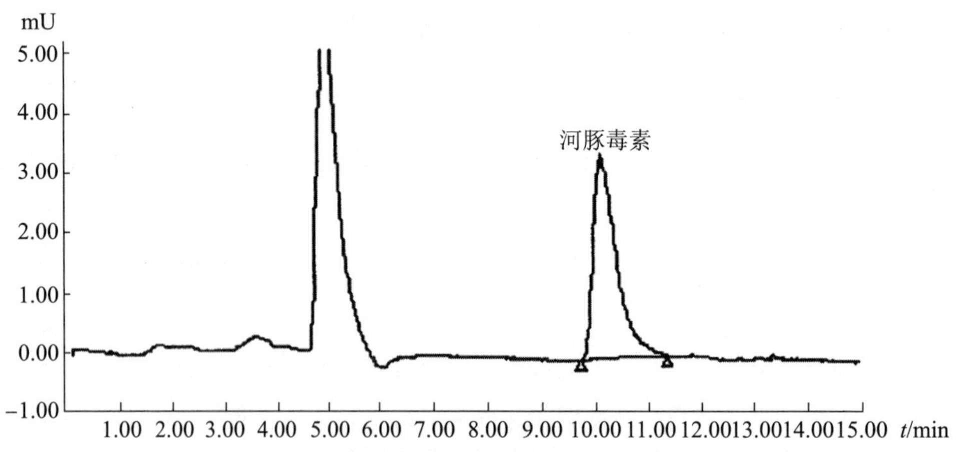

图 6－2　河豚毒素标准物质液相色谱图

河豚毒素标准品的多反应监测（MRM）色谱图见图 6－3。

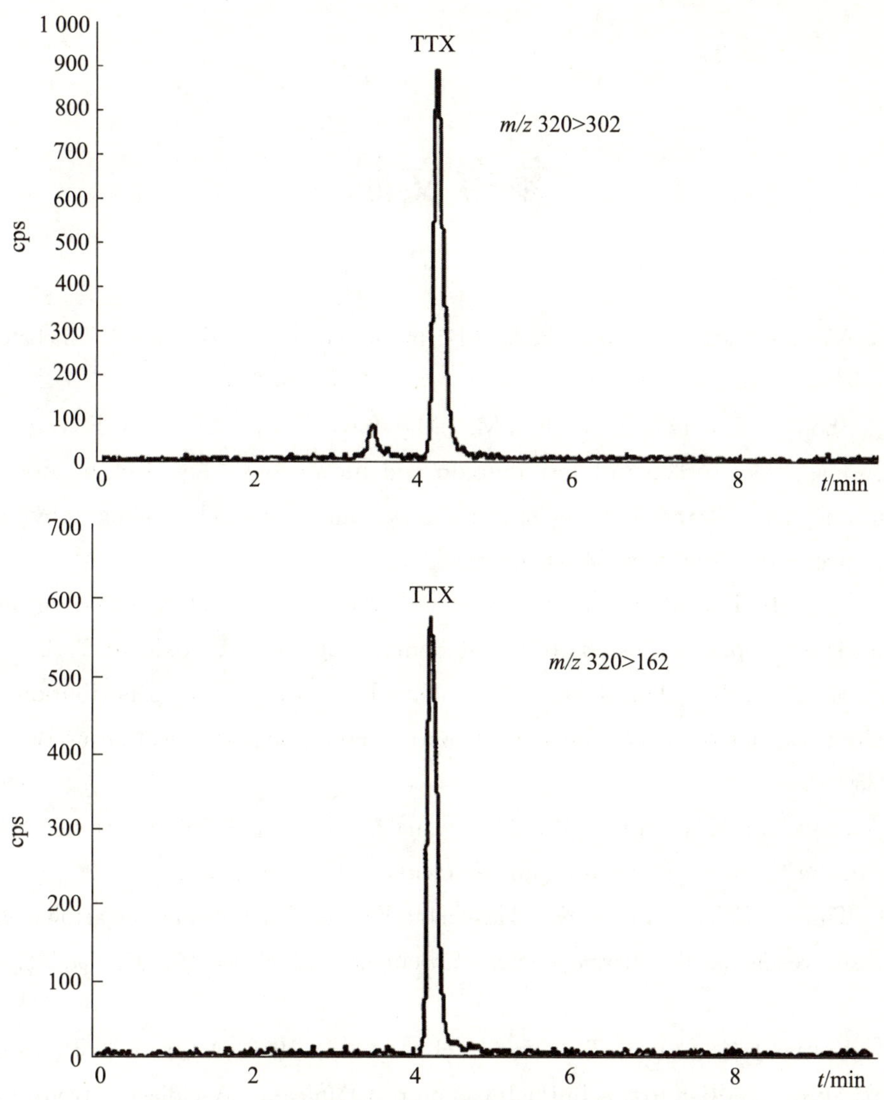

图 6－3　河豚毒素标准品的多反应监测（MRM）色谱图

河豚毒素的添加浓度及其平均回收率的实验数据见表 6－5。

表 6－5　河豚毒素的添加浓度及其平均回收率的实验数据

添加浓度/（mg/kg）	平均回收率/%					
	鱿鱼	花蛤	河豚鱼	虾	织纹螺	牡蛎
0.05	89.5	92.8	89.3	95.1	91.1	95.3
0.10	80.5	77.5	83.0	83.8	85.2	82.5
0.25	82.4	78.5	82.3	82.3	93.9	94.7
0.50	97.4	86.8	85.4	84.6	87.9	92.9

参考文献

［1］ Mosher H. S.， Fuhrman F. A.， Buchwald H. D.， et al.， 1964. Tarichatoxin - tetrodotoxin：a potent neurotoxin. Science 144，1100 - 1110.

［2］ Shoji Y.， Yotsu - Yamashita M.， Miyazawa T.， et al.， 2001. Electrospray ionization mass spectrometry of tetrodotoxin and its analogs：liquid chromatography/mass spectrometry，tandem mass spectrometry，and liquid chromatography/tandem mass spectrometry. Analytical Biochemistry 290，10 - 17.

［3］ Noguchi T.， Maruyama J.， Narita H.， et al.， 1984. Occurrence of tetrodotoxin in the gastropod mollusk Tutufa lissostoma（frog shell）. Toxicon 22，219 - 226.

［4］ Miyazawa K.， Higashiyama M.， Hori K.， et al.， 1987. Distribution of tetrodotoxin in various organs of the starfish Astropecten polyacanthus. Marine Biology 96（3），385 - 390.

［5］ Miyazawa K.， Jeon J. K.， Maruyama J.， et al.， 1986. Occurrence of tetrodotoxin in the flatworm Planocera multitentaculata. Toxicon 24，645 - 650.

［6］ Thuesen E. V.， Kogure K.， Hashimoto K.， et al.， 1988. Poison arrowworms：a tetrodotoxin venom in the marine phylum Chaetognatha. J. Exper. Mar. Biol. and Eco. 116，249 -256.

［7］ Freitas J. C.， Ogata T.， Veit C. H.， et al.， 1996. Occurrence of tetrodotoxin and paralytic shellfish toxins in Phallusia nigra（Tunicata，Ascidiacea）from the Brazilian coast. J. Venom. Anim. Toxins 2（1）.

［8］ Tsai Y. H.， Hwang D. F.， Chai T. J.， et al.， 1997. Toxicity and toxic components of two xanthid crabs，Atergatis floridus and Demania reynaudi，in Taiwan. Toxicon 35，1327 - 1335.

［9］ Lin S. J.， Hwang D. F.， Shao K. T.， et al.， 2000. Toxicity of Taiwanese gobies. Fisheries Science 66，547 - 552.

［10］ Pires Jr. O. R.， Sebben A.， Schwartz E. F.， et al.， 2002. Occurrence of tetrodotoxin and its analogues in the Brazilian frog Brachycephalus ephippium（Anura：Brachycephalidae）. Toxicon 40，761 - 766.

［11］ Asakawa M.， Toyoshima T.， Ito K.， et al.， 2003. Paralytic toxicity in the ribbon worm Cephalothrix species（Nemertea）in Hiroshima Bay，Hiroshima Prefecture，Japan and the isolation of tetrodotoxin as a main component of its toxins. Toxicon 41，747 - 753.

[12] Narita H.，Noguchi T.，Maruyama J.，et al.，1981. Occurrence of tetrodotoxin in a trumpet shell boshubora Charonia sauliae. Bull. Jpn. Soc. Sci. Fish. 47，935 -941.

[13] Hwang D. F.，Cheng C. A.，Tsai H. T.，et al.，1995. Identification of tetrodotoxin and paralytic shellfish toxins in marine gastropods implicated in food poisoning. Fish. Sci. 61，675 - 679.

[14] Noguchi T.，Jeon J. - K.，Arakawa O.，et al.，1986. Occurrence of tetrodotoxin and anhydrotetrodotoxin in Vibrio sp. isolated from the intestines of a xanthid crab，Atergatis floridus. J. Biochem. 99，311 - 314.

[15] Yotsu M.，Yamazaki T.，Meguro Y.，e t al.，1987. Production of tetrodotoxin and its derivatives by Pseudomonas sp. isolated from the skin of pufferfish. Toxicon 25，225 - 228.

[16] Yasumoto T. and Yotsu - Yamashita M.，1996. Chemical and etiological studies on tetrodotoxin and its analogs. Journal of Toxicology - Toxin Reviews 15（2），81 - 90.

[17] Yasumoto T.，Yasumura D.，Yotsu M.，et al.，1986. Bacterial production of tetrodotoxin and anhydrotetrodotoxin. Agric. Biol. Chem. 50，793 - 795.

[18] Simidu U.，Noguchi T.，Hwang D. - F.，et al.，1987. Marine bacteria which produce tetrodotoxin. Applied and Environmental Microbiology 53（7），1714 -1715.

[19] Tiecco G.，Ianieri A.，Francioso E.，et al.，1996. Isolation of marine bacteria producing neurotoxin. Industrie Alimentari 35（345），134 - 135.

[20] Kim D. S. and Kim C. H. 2001. No ability to produce tetrodotoxin in bacteria - authors reply. Applied and Environmental Microbiology 67（5），2393 - 2394.

[21] Matsumura K.，1995. Reexamination of tetrodotoxin production by bacteria. Applied and Environmental Microbiology 61（9），3468 - 3470.

[22] Matsumura K.，2001. No ability to produce tetrodotoxin in bacteria. Environmental Microbiology 67（5），2393.

[23] Matsumura K. 1998. Production of tetrodotoxin in puffer fish embryos. Environmental Toxicology and Pharmacology 6，217 - 219.

[24] Hanifin C. T.，Brodie III E. D.，Brodie Jr. E. D. 2002. Tetrodotoxin levels of the rough - skin newt，Taricha granulosa，increase in long - term captivity. Toxicon 40，1149 - 1153.

[25] Lehman E. M.，Brodie Jr E. D. and Brodie III E. D. 2004. No evidence for an

endosymbiotic bacterial origin of tetrodotoxin in the newt Taricha granulosa. Toxicon 44, 243-249.

[26] Kodama M., Sato S., Sakamoto S., et al., 1996. Occurrence of tetrodotoxin in Alexandrium tamarense, a causative dinoflagellate of paralytic shellfish poisoning. Toxicon 34 (10), 1101-1105.

[27] 王健伟，王德斌，罗雪云，等. 1996. 抗河豚毒素单克隆抗体的制备及其特性的初步研究. 卫生研究 25 (5), 308-311.

[28] Koyama K., Noguchi T., Uzu A., et al., 1983. Individual, local and size-dependent variations in toxicity of the xanthid crab Zosimus aeneus. Bulletin of the Japanese Society of Scientific Fisheries, 49, 1273-1279.

[29] Yamamori K., Yamaguchi S., Maehara E., et al., 1992. Tolerance of shore crabs to tetrodotoxin and saxitoxin and antagonistic effect of their body fluid against the toxins. Nippon Suisan Gakkaishi 58, 1157-1162.

[30] Nagashima Y., Ohgoe H., Yamamoto K., et al., 1998. Resistance of non-toxic crabs to paralytic shellfish poisoning toxins. In: Reguera B., Blanco J., Fernández M. L., et al., [eds.] Harmful Algae. Xunta de Galicia and Intergovenmental Oceanographic Commission of UNESCO, Santiago de Compostela, p 604-606.

[31] Shiomi K., Yamaguchi S., Kikuchi T., et al., 1992. Occurrence of tetrodotoxin-binding high molecular weight substances in the body fluid of shore crab (Hemigrapsus sanguineus). Toxicon 30, 1529-1537.

[32] Nagashima Y., Yamamoto K., Shimakura K., et al., 2002. A tetrodotoxin-binding protein in the hemolymph of shore crab Hemigrapsus sanguineus: purification and properties. Toxicon 40, 753-760.

第七章　西加鱼毒素与检测

第一节　西加鱼毒素概述

一、概述

西加鱼毒（Ciguatera fish poisoning，CFP）是在海洋珊瑚礁系统中积累的一种毒素，主要的产毒藻是有毒岗比亚藻（*Gambierdiscus toxicus*）。珊瑚礁鱼在摄食这种甲藻后，能够通过体内的氧化酶系统将藻中原有的低极性有毒物质转化为高极性的剧毒物质[1]。全世界每年有五万多人在吃了含毒的珊瑚礁鱼后身体受到影响，严重者瘫痪、死亡。与此相关的毒素主要分为两部分：脂溶性的西加毒素（Ciguatoxins）和黑儿茶（Gambierol）；水溶性的刺尾鱼毒素（Maitotoxin，MTX）和水螅毒素（Palytoxin）两大类。

二、西加鱼毒素

西加鱼毒素（CTX）最早是在1980年分离得到，但其结构是在1989年从海鳗体中同时分离出了CTX2B后才得以鉴定[2,3]。目前为止，人们从鱼和双鞭甲藻中发现了20余种CTX的衍生物，但只对其中几种物质的结构有了明确的认识，如CTX4A、CTX3C、2，3－DihydroxyCTX3C、51－HydroxyCTX3C和CTX4B等[4-6]，并且人们推测CTX4B是CTX毒素的原始形式[1]。CTX毒素的化学结构如图7－1所示。前面所述的CTX毒素均分离自太平洋和印度洋，最近又从加勒比海生物样本中分离到CTX毒素，但其结构与先前常见的CTX的结构有差别，如图7－2所示。在室内培养的有毒岗比亚藻中分离得到gambieric acids A、B、C和gambierol活性物质，它们都具有抗真菌的活性，能够产生与CTX相似的中毒症状，但对其致毒机理还不明确[7-9]，化学结构如图7－3所示。

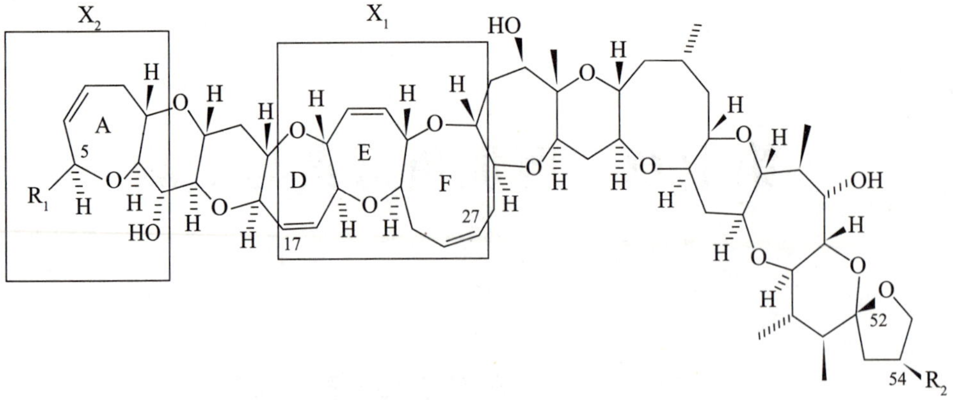

毒　素	R_1	R_2	X_1	X_2
CTX	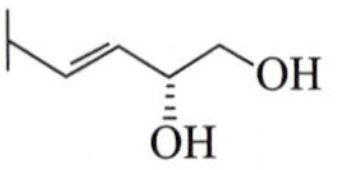	OH	–	–
CTX_{4B}	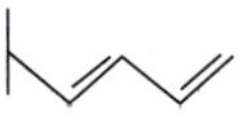	H	–	–
CTX_{4A} (epi-CTX_{4B}-C_{52})	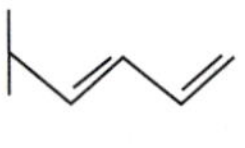	H	–	–
CTX_3	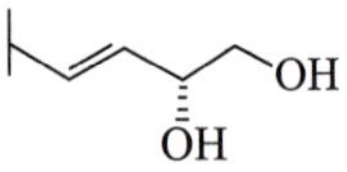	H	–	–
CTX_2 (epi-CTX_3-C_{52})	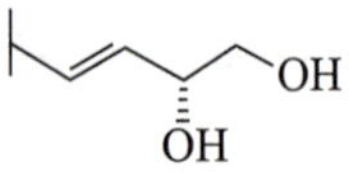	H	–	–
CTX_{3C}	H	H	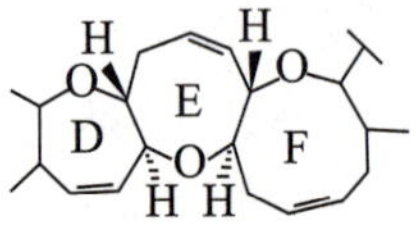	–
2,3-Dihydroxy-CTX_{3C}	–	H	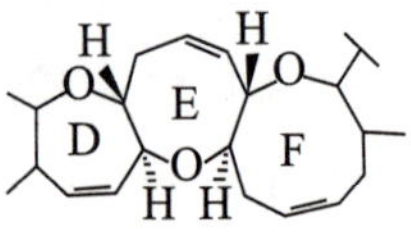	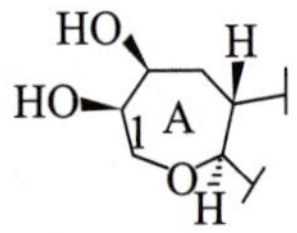
51-Hydroxy-CTX_{3C}	–	OH	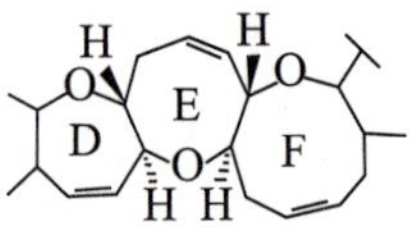	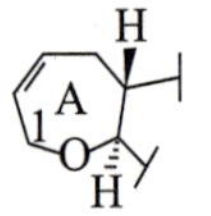

图 7－1　西加鱼毒毒素的化学结构[10]

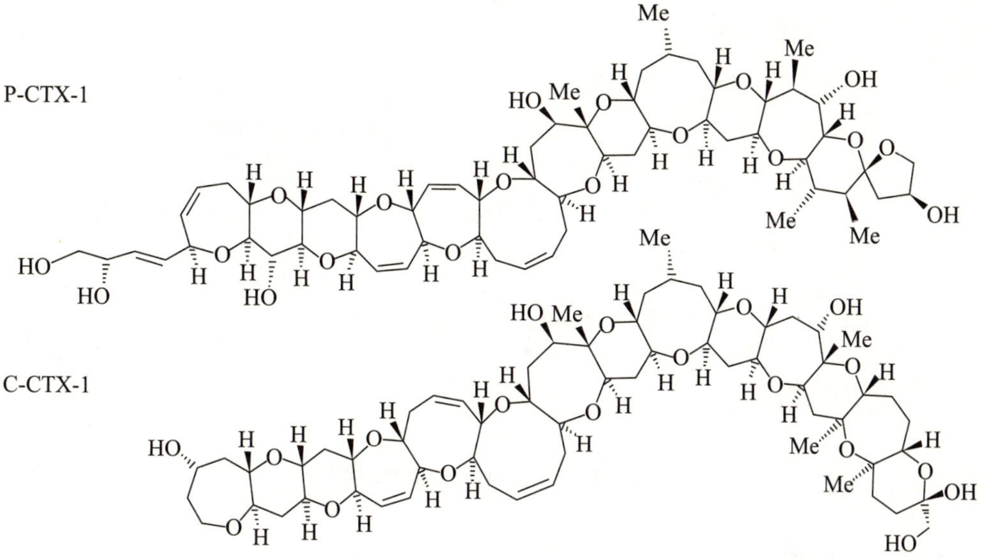

P-CTX-1

C-CTX-1

图 7－2　太平洋西加鱼毒（P－CTX－1）和加勒比海西加鱼毒（C－CTX－1）的化学结构[11]

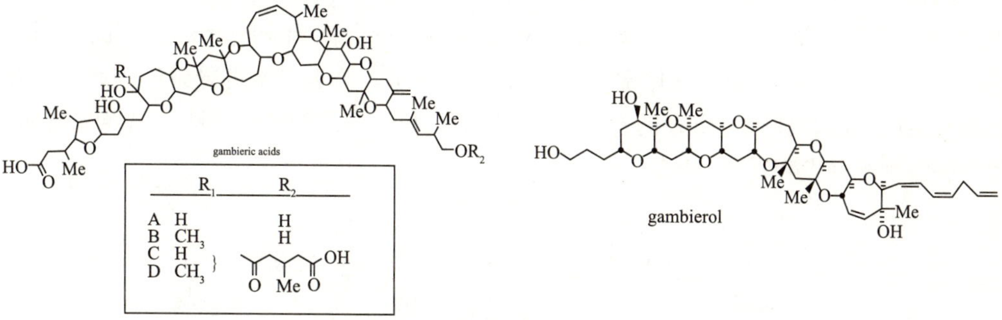

图 7－3　gambierol 及 gambieric acids 毒素的化学结构[12]

CTXs 是一类强烈的神经性毒素，与短裸甲藻毒素的致毒机理相同，作用于 Na^+ 通道的 5 位点，改变 Na^+ 内流，引起神经末端细胞膜的超兴奋状态，神经递质素不停地释放，神经突触泡大量耗竭，神经末端膨胀[13] 由 CTX 导致的中毒症状主要有：胃肠部、神经和心血管的紊乱，神经功能错乱，腹泻、呕吐、恶寒、出汗、瘙痒，心搏过速或过缓，严重者四肢失去知觉、瘫痪，甚至死亡。另外，该中毒症状在人体中短时间内很难消失，长达几个星期或几个月，及时使用甘露醇能缓解症状。

三、刺尾鱼毒素

MTX 毒素也产自有毒岗比亚藻，并且使得 CFP 中毒的症状更加多样化。MTX 有两个明显的特征：首先，相对分子质量高达 3422，除生物高聚物外它是已知的相对分子质量最高的天然产物；其次，它是已知非蛋白质节荚毒素中毒性最强的物质，LD_{50}＝50ng/kg（i. p.)[1]。其化学结构如图 7－4 所示。MTX 作用于电压门控 Ca^{2+} 离子通道，增强 Ca^{2+} 透过细胞膜，从而刺激荷尔蒙分泌、神经递质素释放、加速磷酸肌醇降解、增强蛋白激酶活性等[14]。

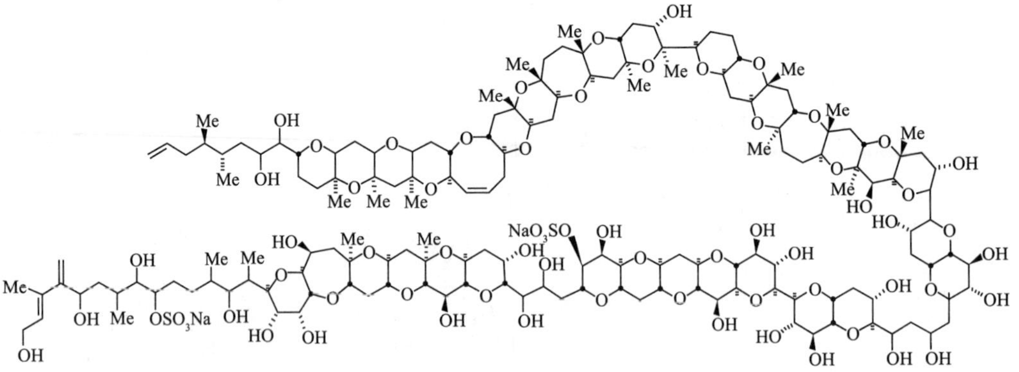

图 7-4 Maitotoxin 的化学结构[17]

四、水螅毒素

Playtoxin 是一种复杂、高活性的海洋毒素，最早分离自珊瑚 *Palythoa toxica* 体内[15]。后来在培养的双鞭甲藻 *Ostreopsis siamensis* 中分离出 Playtoxin 的几种异构体化合物，称为 Ostreocins，其化学结构如图 7-5 所示。这类毒素可导致细胞膜去极化，刺激花生四烯酸和神经递质素的释放，抑制 Na^+/K^+-ATP 酶的活性，诱导平滑肌收缩和肿瘤细胞的发育[16]。

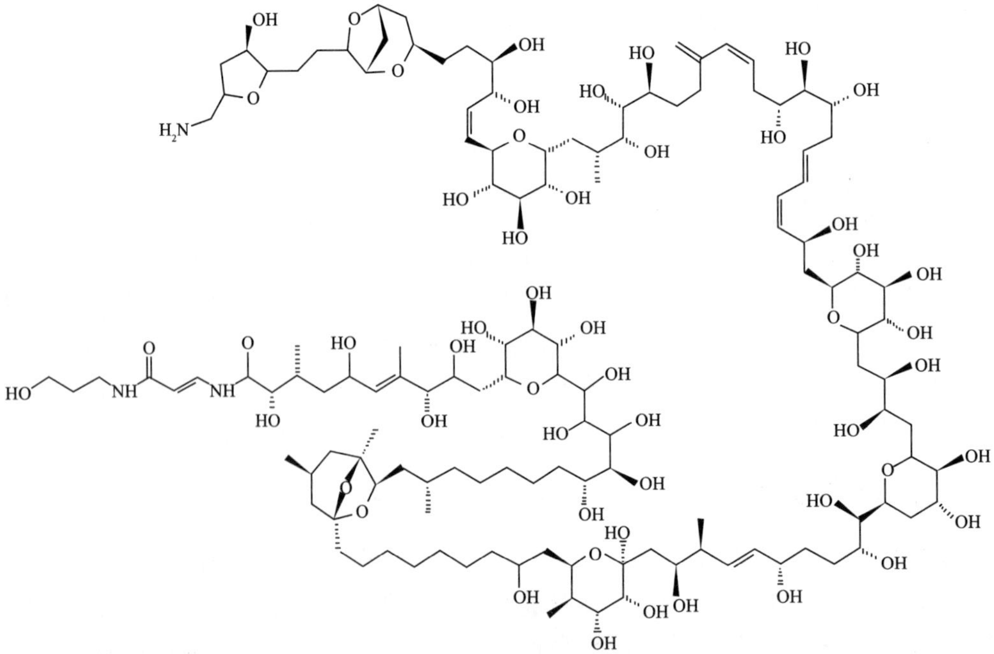

图 7-5 水螅毒素的化学结构[18]

第二节　小鼠生物检测技术

一、原理

本方法采用鼠单位（MU）测定，对西加毒素（CTX）予以定量。采用 P-CTX-1 作为毒素的标准品，用毒理学方法确定一个 MU 所对应的 P-CTX-1 剂量值，建立西加毒素致小鼠死亡时间一鼠单位关系方程，根据该方程编制西加毒素死亡时间与鼠单位关系对照表。根据小鼠注射海产品提取液后的死亡时间，查出鼠单位，并按小鼠体重校正鼠单位，计算确定每 50g 海产品中 CTX 的含量。所测定结果代表存在于海产品中各种化学结构的 CTX 的总量。

二、试样制备与保存

按照 SN/T0376 规定的方法制备检样。

三、试剂和材料

3.1　吐温-60。

3.2　生理盐水。

3.3　苦味酸。

3.4　丙酮（AR）。

3.5　甲醇（AR）。

3.6　正己烷（AR）。

3.7　乙醇（AR）。

3.8　乙醚（AR）。

3.9　三氯甲烷（AR）。

3.10　5%次氯酸钠溶液。

3.11　小鼠：体重为 18g～22g 的昆明系健康雄性小鼠。

四、仪器与设备

4.1　电子天平（0.1g～0.01g）

4.2　均质器。

4.3　水浴箱（70℃±1℃）。

4.4　自动旋转蒸发仪。

4.5　真空氮气吹干仪。

4.6 玻璃器皿：量筒、烧杯、移液管、磨口烧瓶、布氏漏斗、分液漏斗、容量瓶，刻度样品瓶（具塞）等。

4.7 1mL 注射器。

五、检测步骤

本方法采用鼠单位（MU）测定，对西加毒素（CTX）予以定量。采用 P-CTX-1 作为毒素的标准品，用毒理学方法确定一个 MU 所对应的 P-CTX-1 剂量值，建立西加毒素致小鼠死亡时间-鼠单位关系方程，根据该方程编制西加毒素死亡时间-鼠单位关系对照表。根据小鼠注射海产品提取液后的死亡时间查出鼠单位，并按小鼠体重校正鼠单位，计算确定每 50g 海产品中 CTX 的含量。所测定结果代表存在于海产品中各种化学结构的 CTX 的总量。具体步骤如下：

5.1 样品制备

5.1.1 取绞碎的新鲜样品 200g 置于塑料袋内，70℃水浴 15min。

5.1.2 取出冷却后，加丙酮 400mL，在均质器中均质 10min，用布氏漏斗抽滤并收集滤液。肉渣再重复萃取两次。

5.1.3 合并滤液分次移入 500mL 或 1000mL 磨口烧瓶中，经旋转蒸发仪 55℃减压浓缩，去除丙酮和水。

5.1.4 加入 100mL90%甲醇溶液溶解，转移到 500mL 分液漏斗，再加入 100mL 正己烷，充分振荡混匀萃取，静置约 30min 以上，待分层完全，弃去上层正己烷层，收集下层甲醇-水层。再加入 100mL 正己烷重复萃取甲醇-水层一次。

5.1.5 甲醇-水层移入 250mL 磨口烧瓶中，在旋转蒸发仪中 55℃减压浓缩，去除甲醇和水。

5.1.6 浓缩物加入 100mL25%乙醇溶液溶解。再加入 100mL 乙醚在分液漏斗中充分振荡萃取，静置 10min 以上，待分层完全，收集上层乙醚层。下层的乙醇-水层再用乙醚萃取两次，弃去下层。

5.1.7 合并乙醚萃取液分次移入 250mL 磨口烧瓶中，在旋转蒸发仪中减压浓缩去除乙醚，温度从 40℃逐渐上升至 55℃（如起始温度过高，乙醚会沸腾溅出）。浓缩物内含有 CTX。

5.1.8 浓缩物用三氯甲烷：甲醇（97∶3）溶液溶解并转移至刻度试管中。要多次少量用三氯甲烷、甲醇溶液从烧瓶中溶解浓缩物，直至浓缩物被完全溶出。三氯甲烷：甲醇溶液用量约 4mL～5mL，然后用恒流氮气于 45℃～50℃吹干，－20℃储存备用。

5.1.9 为避免毒素的危害，应戴手套进行操作，用过的器材应在 5%次氯酸钠溶液中浸泡 1h 以上，以使毒素分解。废弃的提取液要收集后按照有机试剂的废液处理方法处理或交专业废液处理公司集中处理。

5.2　小鼠实验

5.2.1　将5.1.6提取物用吐温-60生理盐水（用0.9%的生理盐水将吐温60稀释为1%～5%溶液）定容至2mL，充分振荡，待用。此时0.5mL试液相当于50g样品中的毒素含量。

5.2.2　实验动物选用昆明系封闭群清洁级（CI.）或无特定病原菌级（SPF）、体重18g～22g的健康雄性小鼠，饲养在通风、透光、清洁的室内环境，实验期间正常供给标准啮齿类动物食物和饮水。

5.2.3　试验组：将小鼠随机分组，每个试样一组3只，称量，精确到0.5g，并记录质量。用染色法如3%～5%苦味酸溶液或其他染色剂做好编号，保证号码清楚、易认、耐久。每只试验小鼠腹腔注射0.5mL提取液。注射时若有一滴以上提取液溢出，应将该只小鼠弃去，并重新注射一只小鼠。

5.2.4　溶剂对照组：同时另取3只小鼠作为溶剂对照组，腹腔注射0.5mL吐温60-生理盐水，以排除吐温60-生理盐水可能产生的影响。

5.2.5　空白对照组：同时另取3只小鼠作为空白对照组，不进行腹腔注射，与实验组动物和溶剂对照组动物在相同的环境和条件下饲养。

5.2.6　小鼠体征观察：记录注射完毕时间，精确到分钟，仔细观察并记录小鼠体征。注射后小鼠可能出现以下症状：活动能力异常（减少至不活动）、步态异常（正常：慢走或快走，异常：兴奋的、不稳的）、腹泻、呼吸困难（急促浅的或喘息）、肤色青紫（主要在阴茎、耳、鼻、口、尾部）、竖毛（轻至显著）、颤抖（阵发性或持续）、麻痹（阵发至后腿麻痹）、多涎（可能浸湿脸部和胸前毛）、直至挣扎跳跃最后死亡。小鼠在注射2h内要仔细观察，连续观察400min，当小鼠接近死亡时更要密切观察，准确记录死亡时间（到小鼠呼出最后一口气止）。

六、结果计算与判断

6.1　鼠单位（MU）的计算

观察从注射开始至400min小鼠的毒效应体症和存活情况，计算出一组3只小鼠中死亡2只以上的中位数死亡时间。根据中位数死亡时间，在表7-2中查出相应的MU。若试验小鼠体重小于或大于20g，则根据表7-1查出质量校正系数C。以质量校正系数乘以该只小鼠的MU便得到CMU。计算该组小鼠的CMU，便得到样品中CTX毒素的含量。每50g样品中MU的含量按式（7-1）计算：

$$\mathrm{CMU}=\mathrm{MU}\cdot C \qquad (7-1)$$

式中：

CMU——校正鼠单位，MU/50g；

MU——鼠单位；

C——质量校正系数。

表 7-1 小鼠体重校正表

小鼠体重/g	校正系数 C
10	0.50
10.5	0.53
11	0.56
11.5	0.59
12	0.62
12.5	0.65
13	0.675
13.5	0.70
14	0.73
14.5	0.76
15	0.785
15.5	0.81
16	0.84
16.5	0.86
17	0.88
17.5	0.905
18	0.93
18.5	0.95
19	0.97
19.5	0.985
20	1.000
20.5	1.015
21	1.03
21.5	1.04
22	1.05
22.5	1.06
23	1.07

6.2 CMU 和 CTX 剂量的换算

根据采用标准毒素测定，CTX 对我国昆明系体重 20g 雄性小白鼠 1MU 所代表的剂量约为 9.10ng。每 50g 样品中 CTX 的含量按式（7-2）计算：

$$\text{CTX} = \text{CMU} \times 9.10\text{ng} \qquad (7-2)$$

式中：

CTX ——西加毒素，ng/50g；

CMU——校正鼠单位。

6.3　结果判断

6.3.1　小鼠注射后 50min～400min 内死亡，可根据表 7－2 查出 MU，根据小鼠体重在表 7－1 中查出对应的 C，算出 MUC 即可得到该组小鼠的 CMU，所测结果代表 50g 样品中 MU 的含量。

表 7－2　西加毒素死亡时间-鼠单位关系对照表

死亡时间/min	鼠单位/MU	死亡时间/min	鼠单位/MU
50	10.49	230	1.85
55	9.41	235	1.80
60	8.53	240	1.76
65	7.78	245	1.72
70	7.15	250	1.68
75	6.61	255	1.64
80	6.14	260	1.61
85	5.73	265	1.57
90	5.37	270	1.54
95	5.05	275	1.51
100	4.77	280	1.48
105	4.51	285	1.45
110	4.28	290	1.42
115	4.06	295	1.39
120	3.87	300	1.36
125	3.70	305	1.34
130	3.54	310	1.31
135	3.39	315	1.29
140	3.25	320	1.27
145	3.12	325	1.25
150	3.00	330	1.22
155	2.89	335	1.20
160	2.79	340	1.18
165	2.69	345	1.16

表 7-2（续）

死亡时间/min	鼠单位/MU	死亡时间/min	鼠单位/MU
170	2.60	350	1.14
175	2.52	355	1.13
180	2.44	360	1.11
185	2.37	365	1.09
190	2.29	370	1.07
195	2.23	375	1.06
200	2.16	380	1.04
205	2.10	385	1.03
210	2.05	390	1.01
215	1.99	395	1.00
220	1.94	400	0.98
225	1.89		

6.3.2　小鼠注射后在 400min 内未死亡，可判断小于 0.98MU/50g。

6.3.3　如对照组小鼠出现异常，结果判为无效。

第三节　胶体金放大技术毛细管电泳—酶联免疫分析法

一、原理

纳米技术的飞速发展为纳米粒子在生物传感器和生物分析中的应用开辟了新的方向。由于独特的物理、化学性质，纳米粒子引起了纳米科学工作者的极大兴趣。这些性质使其在化学和生物传感方面具有广阔的应用前景。胶体金和半导体量子点纳米粒子在生物分析中应用得尤其广泛。纳米粒子放大标记以及纳米粒子—生物分子的自组装产生极大的信号增强作用，为构建超灵敏的光学和电学检测奠定了基础，其灵敏度可与聚合物酶链反应（PCR）相媲美。

利用胶体金作为固相载体，制备新型的酶标 CFP 抗体，构建纳米探针放大的 CFP 抗原检测方法。同时在胶体金上修饰 CFP 抗体和 HRP，每个胶体金上可修饰几十个酶分子，从而提高酶的固载量，使检测信号放大。

本方法将毛细管电泳电化学方法和酶联免疫分析相结合，以 HRP 为标记酶，制备了胶体金酶标抗体作为探针，选择高灵敏度的供氢体 OAP 为底物，酶催化反应产物经毛细管电泳分离后用微电极进行安培检测，可实现 CFP 的快速在线检测，检测时间由常规免疫分析1d以上缩短至几分钟，操作简便，试剂消耗量少，可用于定性、定量检测海洋贝类及鱼类中的CFP。

二、试剂与材料

2.1　西加鱼毒诊断试剂条（美国，Abraxis公司），4℃冰箱保存。

2.2　H_2O_2溶液：取市售30%的113μL，用二次水稀释到100mL，浓度为1.0×10^{-2}mol/L，用时现配并稀释至所需浓度。

2.3　OAP溶液：准确称取邻氨基酚（分析纯）0.1093g，用10mL乙醇溶解并用二次蒸馏水定容至100mL，浓度为1.0×10^{-2}mol/L，使用时用二次蒸馏水再稀释。

2.4　BR缓冲液：取0.136g磷酸二氢钾，0.060mL醋酸和0.0618g硼酸混合溶解后定容至100mL，即得0.010mol/L的BR缓冲溶液。

三、仪器与设备

3.1　MPI-A型毛细管电泳仪（中科院长春应化研究所西安瑞迈分析仪器有限公司），包括一台高压电源，一台电化学分析仪和一个检测池；三电极体系：铂工作电极（直径200gym），铂丝对电极和Ag/AgCI参比电极；

3.2　PSH-D型pH计（上海雷磁科学仪器有限公司）；

3.3　BS124S电子天平（北京赛多利斯系统有限公司）；

3.4　KQ-SOB型超声波清洗器（昆山市超声仪器有限公司）；

3.5　电热恒温干燥箱；

3.6　DF-101S集热式恒温加热磁力搅拌器（巩义市英峪予华仪器厂）

四、检测步骤

4.1　样品制备

将西加鱼毒标准品加入鱼类样品中模拟实际样品，将鱼肉和内脏样品在70℃水浴中温育15min，匀浆机匀浆后，加入一定量西加鱼毒标准品，依次用丙酮（3L/kg样品）和80%丙酮（0.5L/kg样品）提取，过滤，丙酮提取液用旋转蒸发仪蒸馏干，残留物以90%甲醇（0.5L/kg样品）和正己烷（1∶1体积比）萃取，甲醇相再次用旋转蒸发仪蒸馏干，残留物以25%乙醇（0.5L/kg样品）和乙醚（1∶1体积比）萃取，收集乙醚组分，旋转蒸发仪蒸馏干，残留物以氯仿一甲醇（97∶3体积比）溶解，氮气浓缩仪吹干得到毒素粗提物。毒素粗提物溶于1mL氯仿，以3mL氯仿-甲醇（9∶1体积比）洗脱，收集洗脱液，氮气吹干，加入1mL甲醇溶解，以0.22μm滤膜过滤。

在上述处理的鱼类样品溶液中加入过量胶体金酶标抗体，在37℃孵化反应30min，鱼类样品中的西加鱼毒和胶体金酶标抗体反应，进行电泳分离检测。

4.2　胶体金酶标CFP抗体探针的制备

利用胶体金作为固相载体，将酶和抗体同时固定在其表面，增加酶的固定量，提高检测灵敏度。将 3μL5.0mg/mLHRP 加入 100μL 含有 0.04% 柠檬酸三钠、0.26mmol/LK_2CO_3，0.02%NaN_3 的胶体金标记的抗体溶液中，室温下搅拌 2h 后，加入 1mL 1% BSA 溶液反应 30min，15000r/min 转速下离心 20min，通过直径 0.22μm 的聚丙烯微孔滤膜过滤，于 40℃冰箱保存备用。

4.3　CFP 抗原-抗体复合物的制备及检测过程

将过量 HRP 标记的 CFP 抗体（Ab）与有限的抗原（Ag）溶液在 37℃孵化反应 30min，形成抗原-抗体结合物，反应后的样品溶液中有 HRP 标记的 CFP 抗原-抗体结合物和未反应的 HRP 酶标记 CFP 抗体，将混合溶液电动进样后进行电泳分离，分别在反应毛细管中催化底物溶液反应，可检测到两个电泳峰。

4.4　CFP 标准品及实际样品的检测过程

采用非竞争模式，将一系列不同浓度的西加鱼毒标准品和胶体金酶标抗体探针加入微富集管，于 37℃水浴中孵育 30min，样品溶液与胶体金酶标西加鱼毒抗体反应，胶体金酶标抗体过量。取出后用缓冲溶液稀释到 200μL，重力进样，胶体金酶标抗体-抗原结合物和剩余胶体金酶标抗体探针根据迁移速率不同在分离毛细管中分成不同的区带，并顺次进入反应毛细管中，经毛细管电泳分离后，分别在反应毛细管中催化缓冲液中的过氧化氢氧化底物邻氨基酚，生成具有电化学活性的物质 3-氨基吩嗯嗪，进入电化学检测池进行检测。检测西加鱼毒的反应原理见图 7-6。

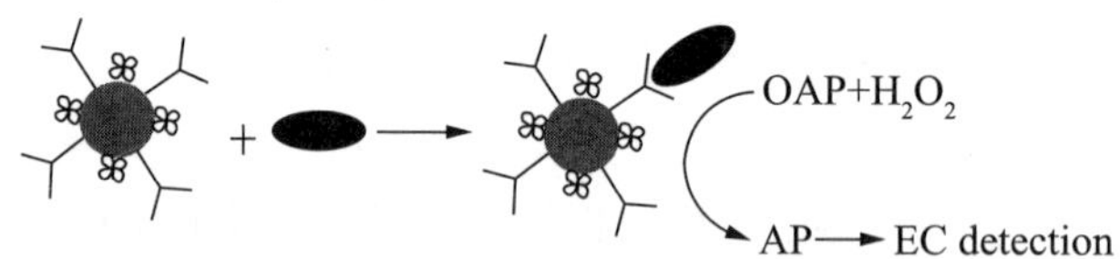

图 7-6　检测西加鱼毒的反应原理示意图

五、分析结果

5.1　CE-EC 分离检测标准样品中的 CFP

采用非竞争模式，将一系列不同浓度的西加鱼毒标准品和胶体金酶标抗体加入微富集管，于 37℃水浴中孵育 30min，取出后用缓冲溶液稀释到 200μL，压力进样（10cm，12s），运行电泳并记录。采用非竞争模式，胶体金酶标抗体（AuNPs-Ab）过量，样品溶液在孵育后既含有胶体金酶标抗体-抗原结合物（Ag-AuNPs-Ab＊），又含有未反应的胶体金酶标抗体探针（AuNPs-Ab＊）。胶体金酶标抗体-抗原结合物（Ag-AuNPs-Ab＊）和剩余胶体金酶标抗体探针根据迁移速率不同在分离毛细管中分成不同的区带，并顺次进入反应毛细管中，分别在反应毛细管中催化缓冲液中的过氧化氢氧化底物邻氨基酚，生成具有电化学活性的物质 3-氨基吩嗯嗪，进入电化学检测池进行检测，可检测到三个电泳峰（图 7-7），分别为溶液中过量的 HRP 催化底物形成的电泳峰，胶体金酶标抗体探针催化底物形成的电泳峰；胶体金酶标抗体-抗原复合物催化底物形成的电泳峰。西加鱼毒的浓度不同，形成的西加鱼毒抗原抗体结合物的量不同，催化过氧化氢氧化邻氨基酚生成氧化产物 3 -氨基吩嗯嗪的浓度就不同，产生不同的电化学信号，由此可对酶标西加鱼毒-抗体复合物以及鱼类样品中的西加鱼毒进行定量分析。

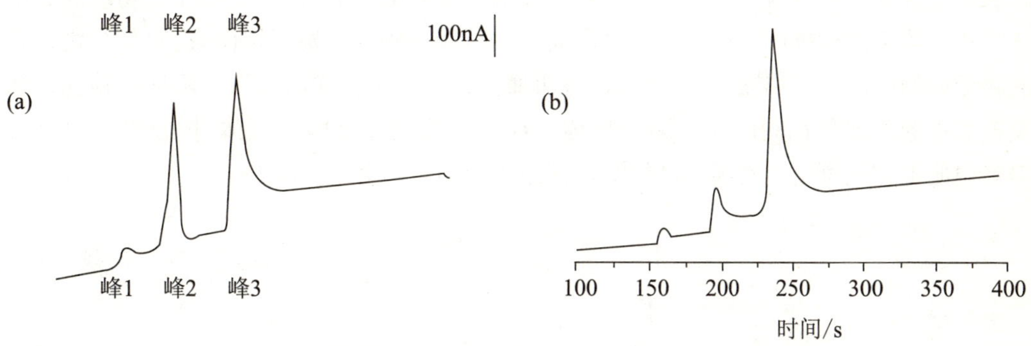

图 7－7　标准样品中不同浓度免疫复合物的毛细管电泳谱图

峰 1 为溶液中过量的 HRP 催化底物形成的电泳峰，峰 2 为胶体金酶标抗体探针催化底物形成的电泳峰；峰 3 为胶体金酶标抗体-抗原复合物催化底物形成的电泳峰。

5.2　CFP 检测的线性范围，精密度及检测限

按上述实验方法对标准 CFP 稀释液进行测定，结果表明，本法测定 CFP 标准品溶液检测的线性范围为（1.0～50.0）pg/mL，检测限为 0.3pg/mL。工作曲线的线性回归方程为 $y=-0.0277x+1.48$（其中 x 为 CFP 浓度，pg/mL，y 为峰面积，μC，$n=5$），其相关系数 $r=0.9914$。CFP 浓度与 Ab＊峰面积的关系见图 7－8。

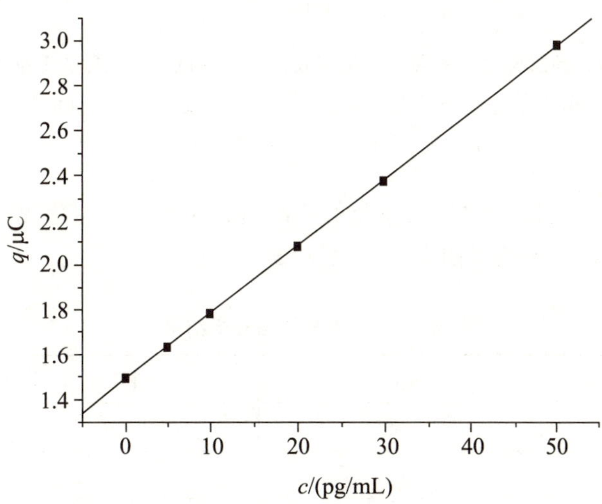

图 7－8　CFP 浓度与 Ab＊峰面积的关系

5.3　模拟鱼类样品中 CFP 的分析

实验采用非竞争模式，由于胶体金酶标抗体探针过量，样品溶液在孵育后既含有胶体金酶标抗体-抗原结合物（Ag－AuNPs－Ab＊），又含有未反应的胶体金酶标抗体探针（AuNPs－Ab＊）及游离的 HRP。经毛细管电泳分离后，分别在反应毛细管中催化底物溶液反应，可检测到三个电泳峰，分别为溶液中过量的 HRP 催化底物形成的电泳峰；胶体金酶标抗体探针催化底物形成的电泳峰；胶体金酶标抗体-抗原复合物催化底物形成的电泳峰。如图 7－9 所示，将西加鱼毒加入鱼类样品模拟实际样品检测，鱼类样品中的西加鱼毒同胶体金酶标抗体反应，生成胶体金酶标抗体-抗原复合物（峰 3），说明本方法可用于实际样品检测，样品中的物质不会干扰本方法。

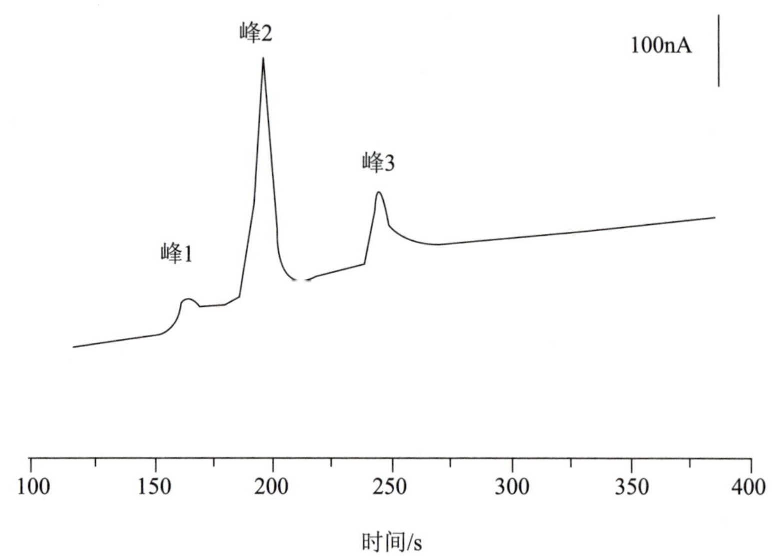

图 7－9　模拟鱼类样品中的西加鱼毒与胶体金酶标抗体反应后的毛细管电泳谱图

峰 1 为溶液中过量的 HRP 催化底物形成的电泳峰，峰 2 为胶体金酶标抗体探针催化底物形成的电泳峰；峰 3 为胶体金酶标抗体-抗原复合物催化底物形成的电泳峰。

选取 7 份正常鱼类和 CFP 感染贝类的样品进行了测定，将检测结果与邻苯二胺显色光度法进行对照，所得结果如表 7－3 所示。

表 7－3　贝类样品分析结果　　μg/kg

样品	本法	邻苯二胺 ELISA 显色光度法
1	33.2	33.7
2	13.3	—
3	93.7	85.8
4	134.2	128.9

表 7-3（续表）

μg/kg

样品	本法	邻苯二胺 ELISA 显色光度法
5	62.9	57.6
6	108.9	110.8
7	62.1	67.4

注：一表示未检出。

第四节　高效液相色谱-串联质谱法

一、原理

建立了对西加鱼毒素中主要成分 P-CTX-1 的高效液相色谱质谱联用检测方法。色谱条件为色谱柱 C18（2.1mm×50mm，1.7μm），柱温 40℃。以 0.1%甲酸-5mmol/L乙酸铵水溶液和乙腈溶液作为流动相，梯度洗脱（0～3.0min 50%A→5%A，3.0～4.5min 5%A→50%A），流速为 0.6mL/min。质谱条件为电喷雾正离子模式，$[M+NH_4]^+$ 作为前体离子进行多级反应监测，以质荷比（m/z）为 1058 和 1076 的子离子分别作为 P-CTX-1 的定性和定量离子，源温度 105℃，喷雾温度 350℃，提取电压 4.0V，锥气流速 49mL/min，喷雾气流速 750L/h。在此检测条件下西加鱼毒素 P-CTX-1 的检出限达 0.175μg/L，平均加标回收率为（66.0±2.0)%，相对标准偏差为 6.0%。利用该方法检测了 6 份采自西太平洋珊瑚礁的鱼类样品，在其中 5 份样品中检测出 P-CTX-1。

二、试剂与材料

2.1　P-CTX-1 标准品；

2.2　乙腈（色谱纯）；

2.3　甲醇（色谱纯）；

2.4　醋酸铵（99.999%）；

2.5　三氯甲烷（分析纯）；

2.6　正己烷（优级纯）；

2.7　超纯水。

2.8　标准溶液的配制：称取适量 P-CTX-1 标准品，用乙腈+5mmol/L 醋酸铵水溶液（体积比 1：1）配制成 1μg/mL，将此储备液置于-20℃中保存。根据实验需要将储备液稀释成适当浓度的工作溶液。

三、仪器与设备

3.1　液质联用仪（美国 Waters 公司，Quattro PremierXE 型）；

3.2 离心机；

3.3 旋转蒸发仪；

3.4 吹氮浓缩仪；

3.5 漩涡混合仪；

3.6 数显恒温水浴锅。

四、检测步骤

4.1 样品制备

称取 5.000g 已匀浆鱼肉样品，70℃水浴加热 1h；加 5mL 氯仿，10mL 甲醇，混匀 1min 后再加 5mL 氯仿，混匀 15s；加 5mL 去离子水，混匀 15s，2000r/min 离心 10min；吸取并吹干下层氯仿提取液，弃掉上层甲醇/水和中层白色固体；吹干物用 1mL 甲醇：乙腈（体积比 7∶3）溶解，再加 2mL 正己烷，混匀离心；弃去上层正己烷，液氮吹干甲醇/乙腈，残余物用 0.5mL 乙腈＋乙酸铵（体积比 1∶1）溶解混匀；9500r/min 超滤离心 20min，吸取上清液 0.22μm 滤膜过滤转移至进样瓶，HPLC-MS/MS 进样 5μL 基质外标法测定。

4.2 色谱-质谱条件

色谱柱采用 ACQUITY UPLC BEH C18（2.1mmI.D×50mm，1.7μm）；流速为 0.6mL/min；柱温 40℃；进样量 10μL；流动相 A：0.1%甲酸－5mmol/L 乙酸铵水溶液，B：乙腈。梯度洗脱（0～3.0min 50%A→5%A，3.0～4.5min 5%A→50%A），流速为 0.6mL/min。质谱选择电喷雾正离子扫描；选择 P-CTX-1 母离子［M+NH4］$^+$ 为前体离子进行多反应离子监测（MRM）；离子对为 m/z 1076 和 1058；源温度 105℃，提取电压 4.0V，喷雾温度 350℃，锥气流速 49.0mL/min，喷雾气流速 750L/h。

4.3 加标回收率和精密度做法

以深海鱼大眼鲷（Priacanthus sp.）和鲽鱼（Platichthys sp.）作空白基质溶液，将标准溶液添加到基质中，使添加水平分别为 1.0，5.0 和 10.0μg/L，每个添加水平重复 6 次。计算加标回收率、相对标准偏差及方法检测限。

五、分析结果

5.1 线性范围和最低检出限

在 LC-MS/MS 进样标准溶液各 5μL 测定，每个浓度重复进样 3 次，以空白样中所添加的标准毒素浓度为横坐标，以相应质谱信号响应值为纵坐标，在（0.500～10.000）μg/L 范围内，获得样品标准曲线、线性相关系数及最低检出限。毒素浓度与质谱信号响应高度具有良好的线性关系，相关系数大于 0.990。以基线 3 倍噪声值（$S/N=3$）在标准曲线查得结果计算，本方法最低检测限为 0.18μg/L。

5.2　方法回收率和精密度

在 3 个添加浓度水平下，按照 4.3 进行加标回收率实验，以深海鱼大眼鲷（Priacanthus sp.）（P1）和鲽鱼（Platichthys sp.）（P2）作为空白样品基质溶液，采用外标法计算回收率（表 7－4）。大眼鲷基质的平均加标回收率为 66.7%，相对标准偏差（RSD）为 5.5%；鲽鱼基质的平均加标回收率为 65.0%，相对标准偏差（RSD）为 6.7%。两种样品的平均加标回收率为（66.0±2.0）%，相对标准偏差为 6.0%。通过对照空白样品基质溶液和加标后基质溶液的 LC－MS/MS 质谱图（图 7－10，图 7－11），显示 P－CTX－1 出峰时间约在 1.7min，完成一个样品检测约需 4.5min。

表 7－4　P1 与 P2 的加标回收率

加标浓度 μg/L	大眼鲷（P1）		鲽鱼（P2）	
	平均加标回收率/%	RSD/%	平均加标回收率/%	RSD/%
1	70.0	4.2	62.0	12
5	71.0	6.5	65.0	5.5
10	59.0	5.7	68.0	3.5
平均值	66.7	5.5	65.0	6.7

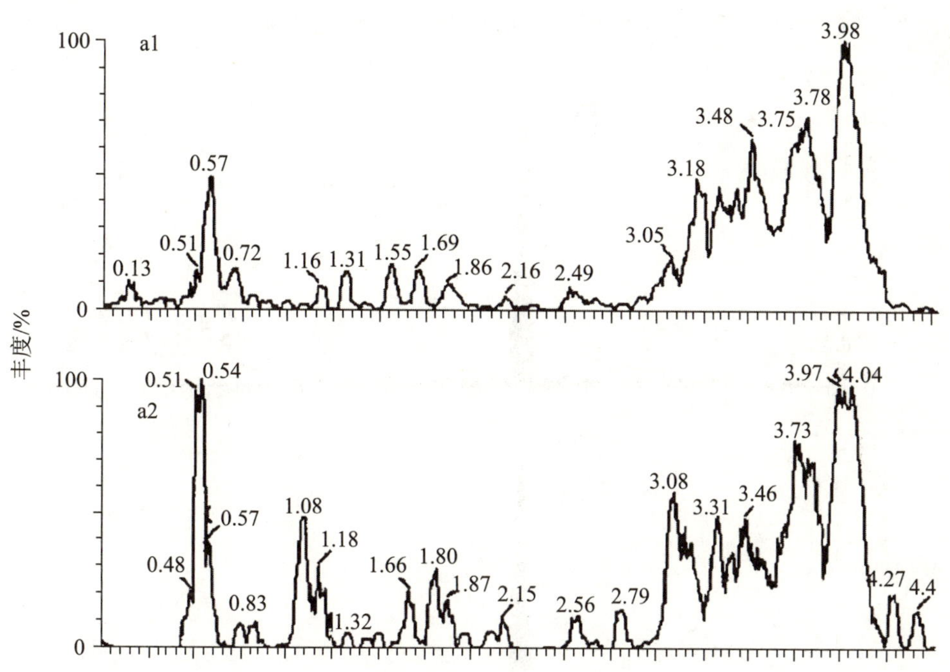

图 7－10　大眼鲷与鲽鱼空白基质的 LC－MS/MS 质谱图

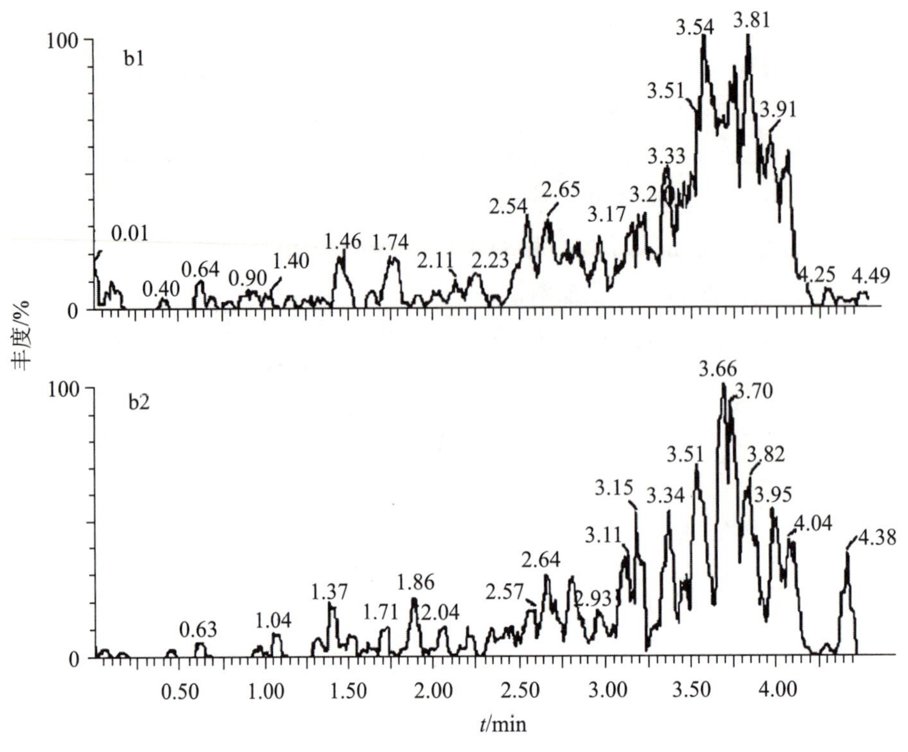

图 7-10（续）

a1，a2—大眼鲷空白基质，m/z 分别为 1076，1058；b1，b2—鲽鱼空白基质，m/z 分别为 1076，1058

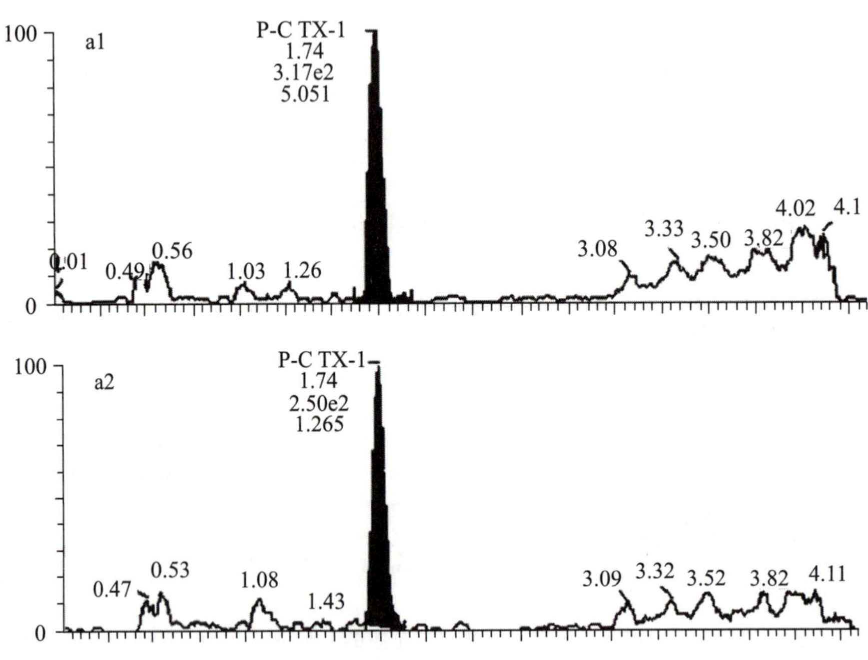

图 7-11　大眼鲷与鲽鱼加标 LC-MS/MS 质谱图

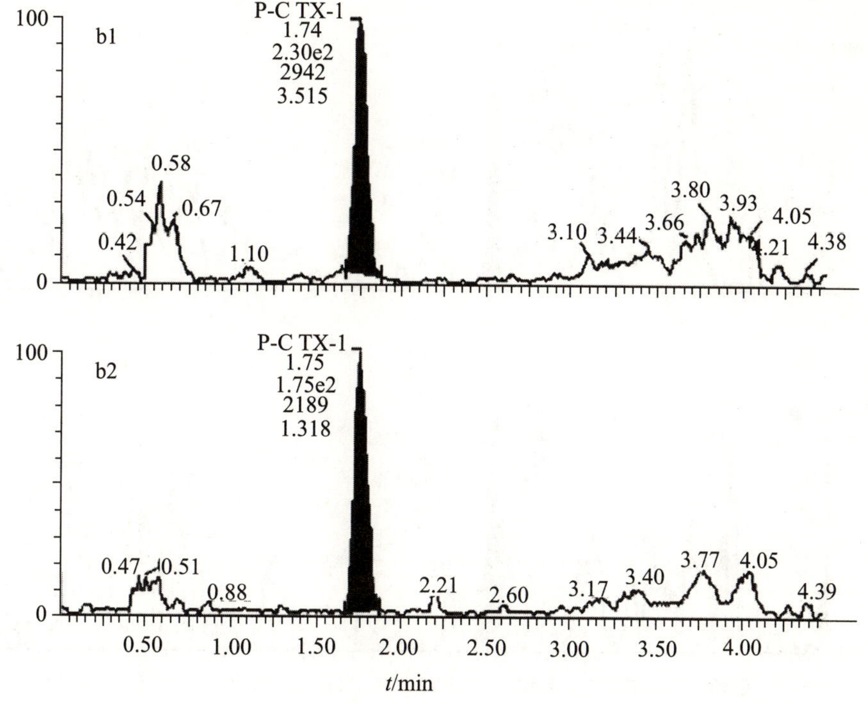

图 7－11（续）

a1，a2—大眼鲷加标后，m/z 分别为 1076，1058；b1，b2—鲽鱼加标后，m/z 分别为 1076，1058；加标浓度为 5μg/L。

5.3 实际样品测定

应用本文建立的检测方法，检测 6 份采自西太平洋岛国基里巴斯海域的珊瑚礁鱼类样品。前期经小鼠生物法检测，这 6 份样品均可使小鼠呈典型的西加鱼中毒症状。液相色谱质谱联用法检测结果显示，其中 5 份样品含有 P－CTX－1。图 7－12 为其中1 份珊瑚鱼样品的 LC－MS/MS 质谱图，根据其保留时间和定性离子可鉴别为 P－CTX－1，其含量为 0.20μg/L。

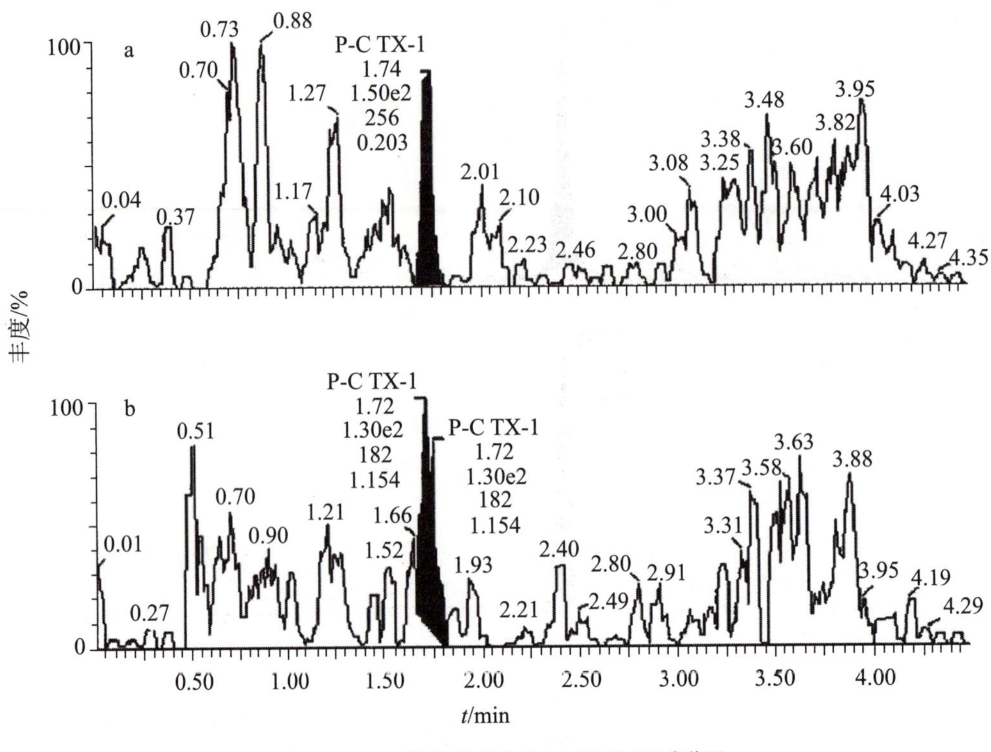

图 7－12　一种珊瑚礁鱼 LC－MS/MS 质谱图

a—质荷比 1076；b—质荷比 1058

值得一提的是，限于西加鱼毒素标准品的缺乏，本检测方法只适于检测雪卡毒素中的 P－CTX－1，因而与小鼠生物法检测的结果会存在一定的差异。小鼠生物检测法对 P－CTX－1 的检测限仅为 9.00μg/L[3]，且特异性较差，本方法可作为该方法的补充。随着西加鱼毒素标准品的不断完善，高效液相色谱-质谱联用法将逐渐取代小鼠生物检测法而广泛应用于西加鱼毒素的检测。

参考文献

[1] Yasumoto T. and Murata M., 1993. Marine toxins. Chem. Rev. 93, 1897 - 1909.

[2] Murata M., Legrand A. M., Ishibashi Y., et al., 1989. Structures of ciguatoxin and its congener. J. Am. Chem. Soc. 111, 8929 - 8931.

[3] Murata M., Legrand A. M., Ishibashi Y., et al., 1990. Structure and configurations of ciguatoxin from the moray eel Gymnothorax javanicus and its likely precursor from the dinoflagellate Gambierdiscus toxicus. J. Am. Chem. Soc. 112, 4380 -4386.

[4] Satake M., Ishimaru T., Legrand A. M., et al., 1993a. Isolation of a ciguatoxin analog from cultures of Gambierdiscus toxicus. In Smayda T. J. and Shimizu Y. [eds.] Toxic Phytoplankton Blooms in the Sea. New York, Elsevier. 575 - 579.

[5] Satake M., Ishibashi Y., Legrand M. M., et al., 1997b. Isolation and structure of ciguatoxin - 4A, a new ciguatoxin precursor, from cultures of dinoflagellate Gambierdiscus toxicus and parrotfish Scarus gibbus. Biosci. Biochem. Biotech. 60, 2103 - 2105.

[6] Satake M., Fukui M., Legrand A. M., et al., 1998a. Isolation and structures of new ciguatoxin analogue, 2, 3 - dihydroxyCTX3 - C and 51 - hydroxyCTX3 - C, accumulated in tropical reef fish. Tetrahedrom Lett. 39, 1197 - 1198.

[7] Nagai H. 1992. Gambieric acids, new potent antifungal substanceswith unprecedented polyether structures from a marine dinoflagellate Gambierdiscus toxicus. J. Org. Chem. 57, 5448 - 5453.

[8] Nagai H., Mikami Y., Yazawa K., et al., 1993. Biological activities of novel polyether antifungals, gambiericacids A and B from a marine dinoflagellate Gambierdiscus toxicus. J. Antibiot. 46,

[9] Satake M., Murata M., Yasumoto T. 1993b. Gambierol: a new toxicpolyether compound isolated from the marine dinoflagellate Gambierdiscus toxicus. J. Am. Chem. Soc. 115, 361 - 362.

[10] Daranas A. H., Norte M. and Fernández J. J. 2001. Toxic marine microalgae. Toxicon 39, 1101 - 1132.

[11] Hamilton B., Hurbungs M., Vernoux J. - P., et al., 2002. Isolation and characterisation of Indian Ocean ciguatoxin. Toxicon 40, 685 - 693.

[12] Rein K. S. and Borrone J. 1999. Polyketides from dinoflagellates: origins, pharmacology and biosynthesis. Comparative Biochemistry and Physiology Part B 124, 117 - 131.

[13] Molgo J., Dechraoui M. Y., Juzans P., et al., 1998. Sodium - dependent alterations of synaptic transmission mechanisms by brevetoxins and ciguatoxins. In: Reguera B., Blanco J., et al., Harmful Algae. Xunta de Galicia and Intergovermental Oceanographic Commission of UNESCO. p594 - 597.

[14] Takahashi M., Ohizumi Y., Yasumoto T., 1982. Maitotoxin, a Ca^{2+} channel activator candidate. J. Biol. Chem. 257, 7287 - 7289.

[15] Moore R. E. and Scheuer P. J., 1971. Palytoxin: a new marine toxin from a coelenterate. Science 172, 495 - 498.

[16] Li S. and Wattenberg E. V., 1998. Differential activation of nitrogenactived protein kinases by palytoxin and ouabain, two ligands for the Na^+, K^+ ATPase. Toxicol. Appl. Pharmacolg. 2, 377 - 384.

[17] Rein K. S. and Borrone J. 1999. Polyketides from dinoflagellates: origins, pharmacology and biosynthesis. Comparative Biochemistry and Physiology Part B 124, 117 - 131.

[18] Daranas A. H., Norte M. and Fernández J. J. 2001. Toxic marine microalgae. Toxicon 39, 1101 - 1132.

第八章　肝损伤性贝毒与检测

第一节　肝损伤性贝毒概述

一、虾夷扇贝毒素

1987 年，Murata 等人从虾夷扇贝体内（*Patinopecten yessoensis*）同时提取出 DTX1、DTX3 和一种新的活性物质，这种新的活性物质被称为虾夷扇贝毒素（Yessotoxin，YTX）[1]。当时和 DTX1、DTX3 一并划归为腹泻性贝毒。自 1996 年以来，相继检测到 YTX 的几个衍生物，在采自日本[2]和亚得里亚海[3]的扇贝体内含有 45 - hydroxyYTX、45，46，47 - trinorYTX、homoYTX 和 45 - hydroxyhomoYTX；后来分别从网状原角藻（*Protoceratium reticulatum*）和多角膝沟藻（*Gonyaulax polyedra*）中检测到 YTX 和 homoYTX[4]；近几年又从贝类的消化腺内分离到 1 - desulfoYTX[5]、carboxyYTX[5]和 adriatoxin[5]毒素。YTX 及其衍生物的化学结构如图 8 - 1 所示。当用小鼠口服测试 YTX 毒素时未观测到中毒症状，小鼠腹腔注射测试的最小致死剂量为 0. 1ppm（$1ppm=10^{-6}$）。这类毒素不会引起中毒。

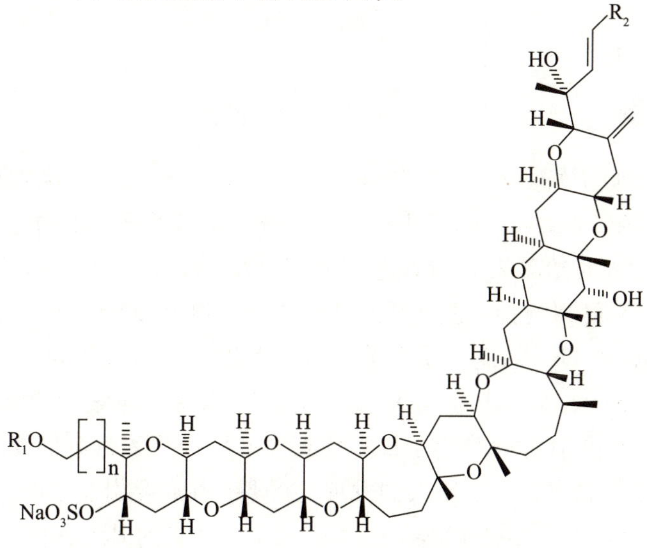

图 8 - 1　Yessotoxins 毒素的化学结构

毒素名称	n	R_1	R_2	相对分子质量
YTX	1	SO_3Na	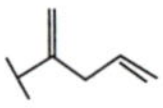	1186.5
45 - hydroxyYTX	1	SO_3Na	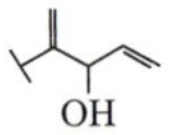 OH	1202.5
45，46，47 - trinorYTX	1	SO_3Na	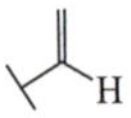 H	1160.5
homoYTX	2	SO_3Na	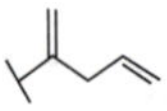	1200.5
45 - hydroxyhomoYTX	2	SO_3Na	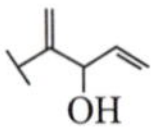 OH	1216.5
1 - desulfoYTX	1	H	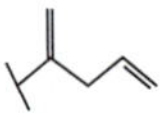	1084.5
carboxyYTX	1	SO_3Na	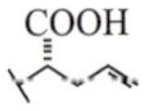 COOH	1218.5
carboxyhomoYTX	2	SO_3Na	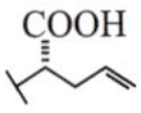 COOH	1232.5
42，43，44，45，46，47，55 - Heptanor - 41 - oxohomoYTX	2	SO_3Na	O	1106.5

图 8 - 1（续）

二、蛤毒素

另外，在有毒贝 *Patinopecten yessoensis* 的消化腺中检测出一类大环聚醚内酯化合物，称为蛤毒素（Pectenotoxins，PTX）。人们最早确定了 PTX1 的化学结构，后来相继从贝类中分离出八种蛤毒素异构体化合物（PTX1 - 7 和 PTX10），同时在酸性条件下催化天然的 PTX 得到两种人工合成毒素（PTX8 和 PTX9）。它们的分子结构如图 8 - 2所示。Murata 和 Draisci 等人分别在日本[6]和欧洲[7]分布的倒卵形鳍藻中发现了 PTX2 毒素。Yasumoto 等人认为 PTX2 有可能是 PTX 系列毒素中的原有形态，在染毒贝类体内通过一系列的代谢，产生了许多种异构体[8]，PTX 毒素同样不会促进肿瘤细胞的发育，只引起轻微腹泻，后来人们发现 PTX2sa 毒素会引起呕吐、腹泻等症状[9]，对成人的致毒剂量约为 150μgPTX2sa/人[10]。目前，人们对其致毒机理还知之甚少。

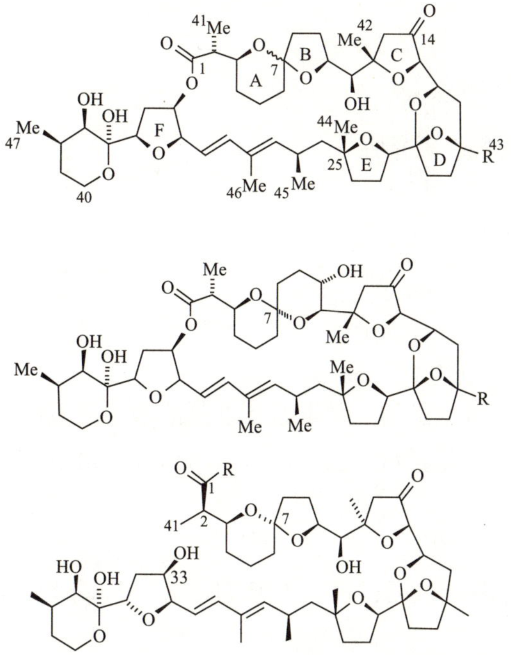

	R	C_7	相对分子质量
PTX_1	CH_2OH	R	874.5
PTX_2	CH_3	R	858.5
PTX_3	CHO	R	872.5
PTX_4	CH_2OH	S	874.5
PTX_6	COOH	R	888.5
PTX_7	COOH	S	888.5
PTX_5	Unidentified		

	R	C_7	相对分子质量
PTX_8	CH_2OH	S	874.5
PTX_9	COOH	S	888.5
PTX_{10}	Unidentified		

	R	C_7	相对分子质量
PTX2sa	OH	R	876.5
7-epi-PTX2sa	OH	S	876.5
Me-PTX2sa	OCH_3	R	890.5

图 8－2　Pectenotoxins 毒素的化学结构[12]

鉴于 OA 和 DTXs 毒素都能引起腹泻、腹痛等胃肠部疾病，同时抑制蛋白磷酸酶的活性，是肿瘤细胞发育的促进因子；而 YTXs 和 PTXs 毒素均不会引起腹泻，也不抑制蛋白磷酸酶的活性，但都会危害人的肝脏。因此，Daranas 等人建议将 YTXs 和 PTXs 毒素统称为肝损伤性贝毒（Hepatotoxic shellfish poisoning，HSP）[11]，本文在描述这部分毒素时就采用了这一新的分类方法。

第二节　液相色谱-串联质谱法同时检测两种肝损伤性贝类毒素

一、原理

样品经甲醇提取，固相萃取柱净化，C18 色谱柱分离，经含甲酸和甲酸铵的乙腈-水溶液为流动相梯度洗脱，选择反应监测（SRM）模式检测，正、负离子切换扫描，基质标准校正，外标法定量。结果表明，YTX 的线性范围为（2.0～200.0）μg/L，定量限（以信噪比（S/N）≥10 计）为 1.0μg/kg；PTX－2 的线性范围为（1.0～100.0）μg/L，定量限为 0.5μg/kg；几种化合物的添加平均回收率为 83.1%～105.7%，相对标准偏差（RSD）为 3.16%～9.29%。

二、试剂与材料

2.1　YTX 标准品（加拿大海洋生物科学研究所）；

2.2　PTX－2 标准品（加拿大海洋生物科学研究所）；

2.3　甲醇（色谱纯，Merk 公司）；

2.4　乙腈（色谱纯，Merk 公司）；

2.5　甲酸（色谱纯，Merk 公司）；

2.6　甲酸铵（色谱纯，Fluka 公司）；

2.7　超纯水（18.2MΩ・cm）。

2.8　毒素混合标准溶液的配制：准确移取适量的 2 种毒素标准品溶液，用甲醇配制成 YTX 的质量浓度为 1.0mg/L，PTX－2 的质量浓度为 0.5mg/L 的混合标准溶液。

三、仪器与设备

3.1　TSQ Quantum AccessTM 液相色谱-串联质谱仪（美国 Thermo Fisher Scientific 公司）；

3.2　KQ－300E 型超声波提取仪（昆山市超声仪器有限公司）；

3.3　XW80A 型旋涡混合器（上海医大仪器厂）；

3.4　Himac CR22G Ⅱ型高速离心机（日本 Hitachi 公司）；

3.5　N－EVAPTM112 型氮气吹扫仪（美国 Organomation 公司）；

3.6　Milli－Q 型超纯水仪（美国 Millipore 公司）；

3.7　StrataTM－X 固相萃取柱（60mg，3mL；广州菲罗门公司）。

四、检测步骤

4.1　样品提取

称取 2.0g 样品置于 15mL 具塞离心管中，加入 5mL 甲醇，涡旋混合 1min，超声提取 5min；于 8000r/min 速率下离心 5min。重复提取一次，合并提取液。于 40℃下用氮气吹至约 1mL，加入 3mL 水涡旋混匀，待净化。

4.2　样品净化

依次用 1mL 甲醇、1mL 30％甲醇水溶液活化 StrataTM－X 固相萃取柱，然后加入提取液，再用 1m L20％甲醇水溶液淋洗，最后用 1mL 0.3％氨水甲醇溶液洗脱，收集洗脱液，用甲醇定容至 1mL，过 0.22μm 滤膜，滤液供 LC－MS/MS 分析。

4.3　基质标准曲线的制作

选用经测试不含目标组分、与待测样品基质相同的样品作为空白样本，按 4.1、4.2 的方法制备空白基质液，并分别添加毒素混合标准溶液，配制成 YTX 的质量浓度均为 2μg/L、10μg/L、20μg/L、50μg/L 和 200μg/L，PTX－2 的质量浓度为 1μg/L、5μg/L、10μg/L、25μg/L 和 100μg/L 的基质标准系列工作液，并分别进行测定。以被

测组分的峰面积 y 为纵坐标，质量浓度 x（μg/L）为横坐标，绘制基质标准曲线。

4.4　LC-MS/MS 条件

LC 条件：X-Terra MS C18 色谱柱（100mm×2.1mm，3.5μm），柱温 30℃，流速 0.2mL/min，进样量 10μL；流动相 A 为超纯水（含 50mmol/L 甲酸、2mmol/L 甲酸铵），B 为 95%乙腈水溶液（含 50mmol/L 甲酸、2mmol/L 甲酸铵）。洗脱梯度：(0～3.0) min，30%B～90%B；(3.1～6.0) min，90%B；(6.1～8.0) min，30%B。质谱条件：电喷雾离子源（ESI），选择反应监测（SRM），喷雾电压 3500V，鞘气压力 241.5kPa（35psi），辅助气压力 69kPa（10psi），离子传输管温度 350℃，碰撞诱导解离电压 10V。其他参数见表 8-1。

表 8-1　两种贝类毒素的质谱分析参数

毒素	分子式	ESI 模式	母离子（m/z）	子离子（m/z）	碰撞能量（eV）
PTX-2	$C_{47}H_{70}O_{14}$	ESI^{+}	876.5 $[M+NH_4]^+$	212.8 823.2*	36 21
YTX	$C_{55}H_{82}O_{21}S_2$	ESI^{-}	1141.6 $[M-H]^-$	855.3 1061.6*	70 36

*定量离子。

五、分析结果

5.1　线性范围与灵敏度

采用空白样品中添加目标组分的方法，以信噪比（S/N）≥3 和 S/N≥10 分别确定各毒素的检出限（LOD）和定量限（LOQ）。2 种毒素的线性范围、基质标准曲线、相关系数、检出限和定量限见表 8-2。

表 8-2　2 种毒素的线性范围、基质标准曲线、相关系数、检出限和定量限

毒素	线性范围/（μg/L）	基质标准曲线	r^2	LOD（S/N≥3）/（μg/kg）	LOQ（S/N≥10）/（μg/kg）
PTX-2	1.0～100.0	$y=58451.7x-9684.18$	0.9970	0.15	0.50
YTX	2.0～200.0	$y=6113.38x+2590.75$	0.9957	0.30	1.00

5.2　准确度和精密度

选用阴性的牡蛎、扇贝和贻贝为空白测试基质，分别添加 3 个浓度水平的毒素混合标准溶液，每个浓度水平做 6 个平行样品，按本方法进行准确度和精密度试验，结果见表 8-3。2 种毒素的平均回收率为 83.1%～105.7%，相对标准偏差（RSD）小于 10%，方法的准确度与精密度均满足贝类毒素的日常监测要求。加标样品的 SRM 色谱图见图 8-3。

表 8－3　方法的加标回收率和精密度（*n*=6）

毒素	添加水平 μg/kg	Oyster		Scallop		Mussel	
		回收率/%	RSD/%	回收率/%	RSD/%	回收率/%	RSD/%
PTX－2	0.5	83.1	7.03	91.1	4.82	90.4	8.60
	2.5	92.6	4.52	85.5	5.67	94.2	6.53
	10	94.1	5.04	95.8	5.49	98.6	3.58
YTX	1	83.7	6.30	105.7	6.85	90.1	6.16
	5	94.1	7.98	85.7	6.79	93.5	5.97
	20	90.8	5.46	93.4	4.85	102.2	5.06

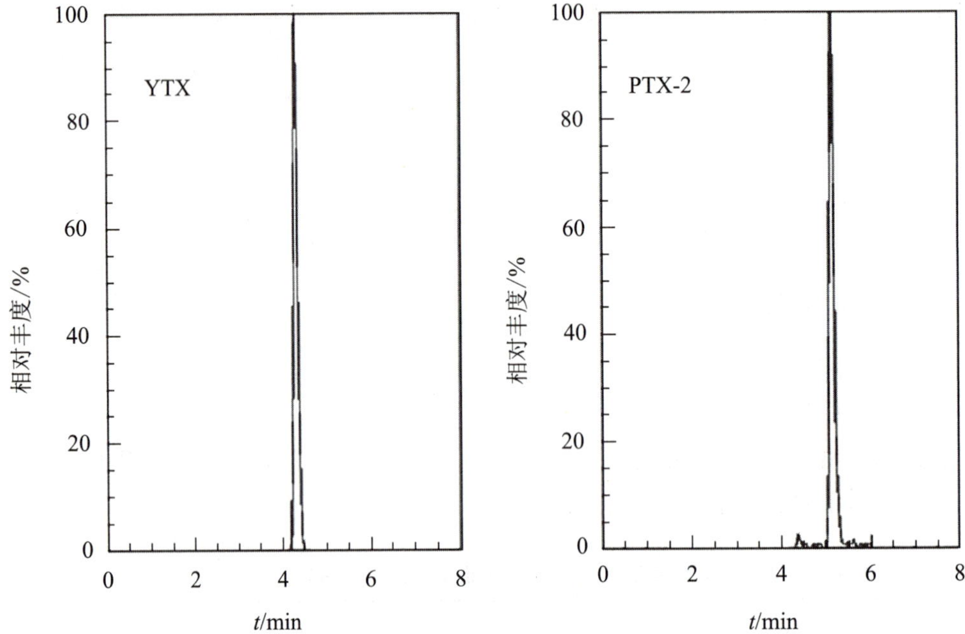

图 8－3　扇贝加标样品的 SRM 色谱图

YTX，5μg/kg；PTX－2，2.5μg/kg

参考文献

[1] Murata M., Kumagai M., Lee J. S., et al., 1987. Isolation and structure of yessotoxin, a novel polyether compound implicated in diarrhetic shellfish poisoning. Tetrahedron Lett. 28, 5869 - 5872.

[2] Satake M., Terasawa K., Kadowaki Y., et al., 1996. Relative configuration of yessotoxin and isolation of two new analogue from toxic scallops. Tetrahedron Lett. 37, 5955 - 5958.

[3] Satake M., MacKenzie L. and Yasumoto T. 1997a. Identification of protoceratium reticulatum as the biogenetic origin of Yessotoxin. Nat. Toxins 5, 164 - 167.

[4] MacKenzie L., Truman P., Satake M., et al., 1998. Dinoflagellate blooms and associated DSP toxicity in shellfish in New Zealand. In Reguera B., Blanco J., Fernández M. L., et al., [eds.] Harmful Algae. Xunta de Galicia and Intergovermental Oceanographic Commission of UNESCO. pp 74 - 77.

[5] Daiguji M., Satake M., Aune H., et al., 1998. Structure and fluorometric HPLC determination of 1 - desulfoyessotoxin, a new yessotoxin analog isolated from mussels from Norway. Nat. Toxin 6, 235 - 239.

[6] Murata M., Sano M., Iwashita T., 1986. The structure of pectenotoxin - 3, a new constitutent of diarrhetic shellfish toxins. Agric. Biol. Chem. 50 (10), 2693 -2695.

[7] Draisci R., Lucentini L., Gianetti L., et al., 1996. First report of pectenotoxin - 2 (PTX - 2) in algae (Dinophysis fortii) related to seafood poisoning in Europe. Toxicon 34, 923 - 935.

[8] Yasumoto T., Murata M., Lee J. S., et al., 1989. Polyether toxins produced by dinoflagellate. Mycotoxins and Phycotoxins 10, 375 - 382.

[9] Quilliam M. A., Eaglesham G., Hallegraeff G., et al., 2000. Detection and identification of toxins associated with a shellfish poisoning incident in New South Wales, Auatralia. International Conference on Harmful Algal Blooms (Tasmania). Abstract, p48.

[10] Burgess V. and Shaw G. 2001. Pectenotoxins - an issue for public health a review of their compatative toxicology and metabolism. Environment International 27,

275 - 283.

[11] Daranas A. H. , Norte M. and Fernández J. J. 2001. Toxic marine microalgae. Toxicon 39, 1101 - 1132.

[12] Suzuki T. , Beuzenberg V. , Mackenzie L. , et al. , 2003a. Liquid chromatography - mass spectrometry of spiroketal stereoisomers of pectenotoxins and the analysis of novel pectenotoxin isomers in the toxic dinoflagellate Dinophysis acuta from New Zealand. J. Chromatogra. A 992, 141 - 150.

第九章　氮杂螺环酸毒素与检测

第一节　氮杂螺环酸毒素概述

一、氮杂螺环酸毒素

1995 年，至少有 8 人在食用爱尔兰养殖的紫贻贝（*Mytilus edulis*）后，出现了表面类似腹泻性贝毒的中毒症状，但研究发现样品中的 DSP 含量很低[1,2]，在后来的研究中发现是由一种聚醚化合物引起的，人们称其为 azaspiracid（AZA）。Azaspiracids 是一类聚醚氨基酸，有 6，5，6-三螺环乙缩醛结构和 2，9 草酸双环［3.3.1］壬烷环结构[3]。研究发现，在浮游植物中检测到的 AZA1-3 也是有毒贝类中的主要毒素成分，AZA2 和 AZA3 分别是 AZA1 的 8-甲基和 22-去甲基异构体[4]。AZA4-10 在贝类中的含量比较低，其中 AZA6 是 AZA1 的同分异构体化合物，其他成分的毒素很可能是由于贝类的生物转化作用生成的[5,6]。Azaspiracids 毒素的化学结构如图 9-1 所示。

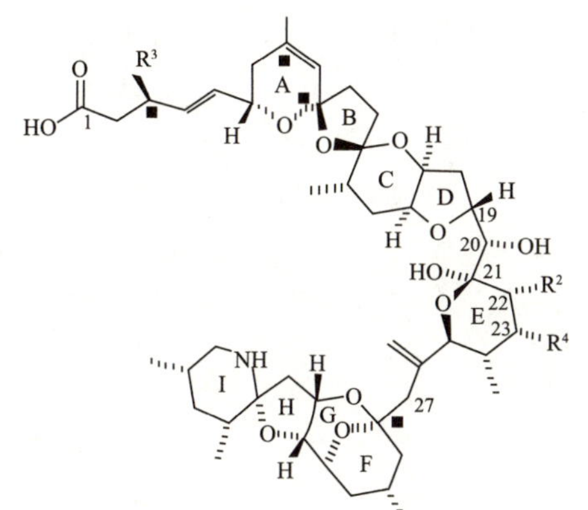

毒素	R^1	R^2	R^3	R^4
AZA1	H	CH_3	H	H
AZA2	CH_3	CH_3	H	H
AZA3	H	H	H	H
AZA4	H	H	OH	H
AZA5	H	H	H	OH
AZA6	CH_3	H	H	H
AZA7	H	CH_3	OH	H
AZA8	H	CH_3	H	OH
AZA9	CH_3	H	OH	H
AZA10	CH_3	H	H	OH

图 9-1　Azaspiracids 毒素的化学结构[7]

主要的几种聚醚类海洋生物毒素，如 DSP、PTX、YTX 和 BTX，均是由海洋双鞭甲藻产生的[8]。研究表明，双鞭甲藻 *Protoperidinium crassipes* 是导致 AZP 中毒的根源[9,10]，通过摄食作用，滤食性双壳贝类 *Mytilus edulis* 和 *Pecten maximus* 可以在体内积累这些毒素，导致人类中毒[11,12]。

Azaspiracids 引起中毒的急性症状表现为：恶心、呕吐、腹泻和胃痉挛，与 DSP 毒素致毒症状相似。但小鼠生物实验表明：AZA1 能够损害生物的多个器官，包括小肠、胸腺和脾脏的皮下相连组织细小管状层坏死，伴随着淋巴细胞的损坏和脂肪的变化，低剂量毒素造成的慢性损伤表现为间质性肺炎和肺肿瘤发育[13]。在引起中毒的贝类中用测试 DSP 毒素的方法测得 AZA 的毒性为 0.15MU/g，化学分析的结果显示 AZA 的含量为 0.6μg/g，故有 1MU=4μgAZA[14]。当人们食用 AZA 的量为（6.7～24.8）μg/人时，就会观察到中毒症状。目前为止，人们对其病原学和致毒机理的认识还较少。

二、螺环内酯毒素

1991 年，在对加拿大双壳类软体动物进行常规生物毒素监测时发现了一类新的亲脂类化合物，其对小鼠腹腔注射的毒性非常强，使小鼠产生一些神经性中毒症状，导致小鼠快速死亡。这种毒素引起的中毒症状不同于相关的 DSP 和 PSP 毒素引起的中毒症状，人们将其称为 spirolides[15]。首先人们阐明了 spirolide B 和 D 的化学结构[16]，随后又确定了其螺环亚胺结构解开后的衍生物 spirolide E 和 F 的结构[17]。近几年，人们又从培养的有毒甲藻 *Alexandrium ostenfeldii* 分离到 spirolide 的衍生物 A 和 C，其分别是 spirolide B 和 D 的手性异构体化合物[15,18]。研究发现，双鞭甲藻 A. ostenfeldii 是产生 spirolide 毒素的根源[19,20]。这些毒素的化学结构如图 9－2 所示。

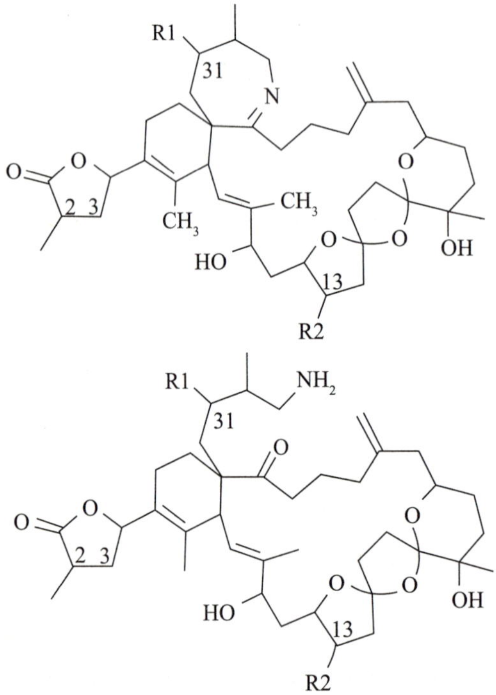

	R1	R2	
A	H	CH_3	$\Delta^{2.3}$
13-desMeC	CH_3	H	$\Delta^{2.3}$
B	H	CH_3	
C	CH_3	CH_3	$\Delta^{2.3}$
D	CH_3	CH_3	
E	H	CH_3	$\Delta^{2.3}$
F	H	CH_3	

图 9－2 Spirolides 毒素的化学结构[21]

对 spirolides 毒素的致毒机理的研究发现：其主要的药效基团是分子结构中的 7，6-螺环亚胺结构，作为毒蕈碱乙酰胆碱受体的拮抗剂，作用于 L 型 Ca^{2+} 离子通道，使生物快速死亡[22]。Spirolides A-D 化合物的螺环亚胺结构水解后得到的产物 spirolides E 和 F 失活，对生物不具有毒性，进一步证实了螺环亚胺结构是其药效基团[23]。目前，人们对其作用于生物的长期毒性效应还不清楚。

三、米氏裸甲藻毒素

1994 年，常规小鼠测试分析发现产自新西兰南岛的牡蛎样品具有很高的毒性[24]。1995 年，在这些有毒牡蛎 *Tiostrea chilensis* 中分离出了一种新的藻毒素，称为 gymnodimine，这种毒素是由海洋双鞭甲藻 *Karenia selliformis*（也称为 *Karenia selliforme* 或 *Gymnodinium cf mikimotoi*）产生的[25]。这种物质包括一个大的螺环中心和一个亚胺基团，在结构上与 spirolides 毒素相似。Gymnodimine 毒素的化学结构如图 9-3所示。近年来的研究表明，gymnodimine 毒素在新西兰沿海具有广泛的分布[26]。并且相继从突尼斯和加拿大的贝类中检测到了该毒素[27]。

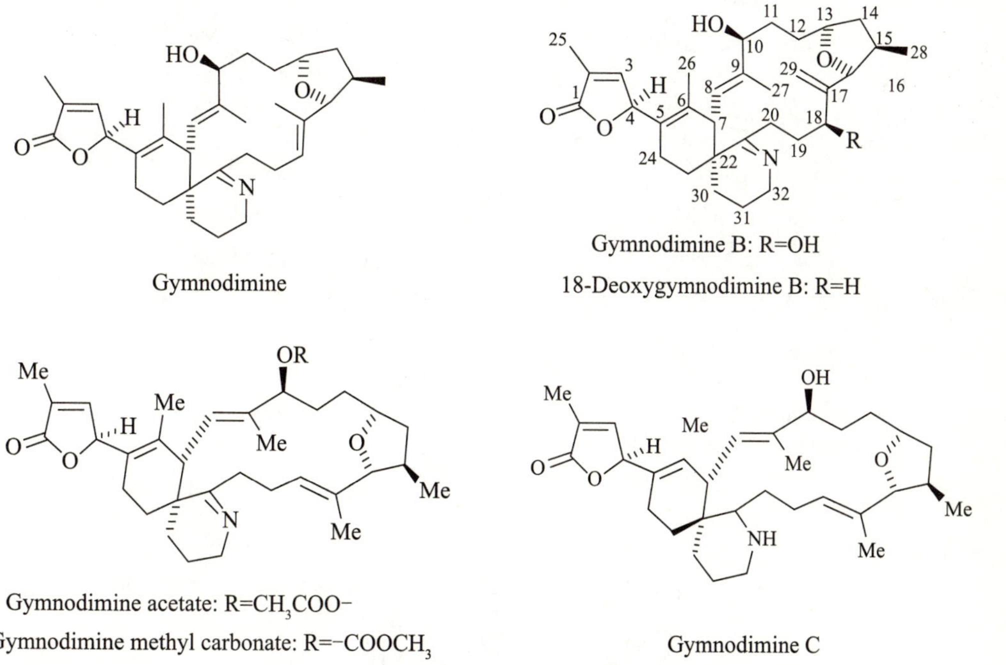

Gymnodimine

Gymnodimine B: R=OH

18-Deoxygymnodimine B: R=H

Gymnodimine acetate: R=CH_3COO-

Gymnodimine methyl carbonate: R=-$COOCH_3$

Gymnodimine C

图 9-3 Gymnodimines 毒素的化学结构[30,29]

目前人们对 gymnodimine 毒素的致毒机理了解得非常少。研究发现这种毒素具有一个非常特别的毒性特征：腹腔注射瑞士小鼠的 LD_{50} 只有 96μg/kg，表现出非常高的毒性，小鼠在 10min 内死亡或者能够完全恢复而看不到明显的致毒效应；但是在投喂 gymnodimine 毒素含量高达 7500μg/kg 的食物时，没有观察到明显的中毒症状[27]。尽管口服途径的毒性较小，似乎对人类的健康危险较低，但由于这种毒素在污染的贝体内的消化腺和肌肉中均有分布，且可在贝体内积累长达几年，不易从体内排除[28]。因此仍需要加强对 gymnodimine 毒素的监测。同时，Dragunow 等人研究发现：gymnodimine 及其异构体对神经细胞瘤 Neuro2a 的发育没有明显的影响，但在与 OA 毒素共存的情况下毒性明显增强[29]。因此，同时积累 gymnodimine 和 OA 毒素的贝类对人类的食用安全构成很大的威胁。

四、江珧毒素

从 1975 至 1981 年，在日本有 2500 余人因为食用了双壳贝 *Pinna pectinata* 而中毒[31]。1995 年，人们从 *Pinna muricata* 体内分离纯化得到引起中毒的致毒因子，是一种大环聚醚类化合物，称为 pinnatoxin。首先，人们确定了 pinnatoxin A[32,33]和 D[34]的化学结构；随后又从 *Pinna muricata* 中分离纯化得到 pinnatoxin B 和 C，在贝类体内的含量较低，但是其毒性却很高[35]。这些毒素的化学结构如图 9-4 所示。目前，人们已经能够合成这些毒素。

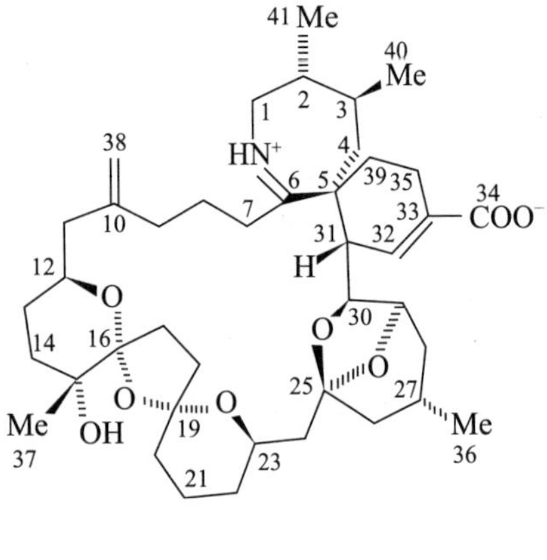

Pinnatoxin A

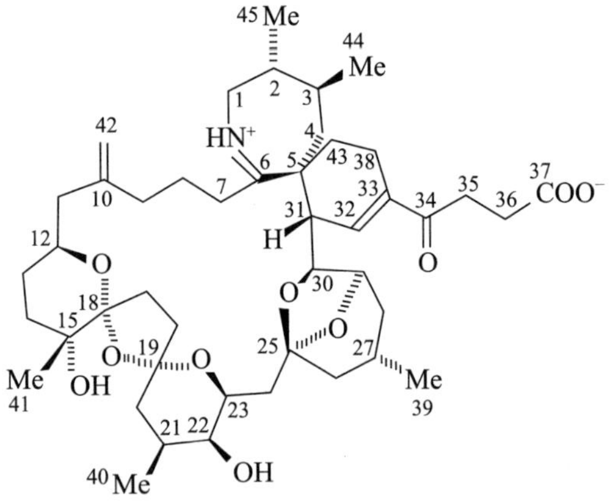

Pinnatoxin D

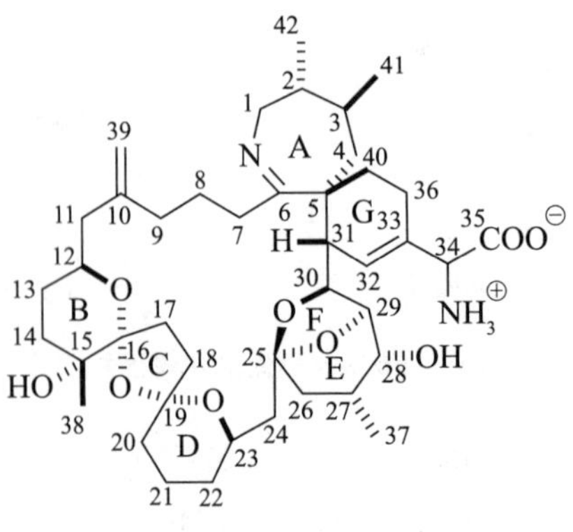

Pinnatoxin B：$C_{34}S$

Pinnatoxin C：$C_{34}R$

图 9-4 Pinnatoxins 毒素的化学结构[35,36]

Pinnatoxin 与前面提到的 spirolide 和 gymnodimine 毒素的毒性特征相似，都能够在短时间内将生物致死，其机理主要是作用于 Ca^{2+} 离子通道，毒害神经系统。

五、Pteriatoxin

2001 年，人们从双壳贝 *Pteria penguin* 体内分离得到一类毒性较强的毒素成分，称为 pteriatoxin[37]。Pteriatoxin A、B、C 是一类大环聚醚化合物，由 6，7-螺环、5，6-双环和 6，5，6-三螺环缩酮三个环结构组成，结构如图 9-5 所示。Pteriatoxin 毒素中的三个环结构与 pinnatoxin 毒素中的三个环结构完全相同，因此认为这两类毒素应该属于同一类化合物。在毒性上也具有相似性，都具有很强的急性毒性作用。

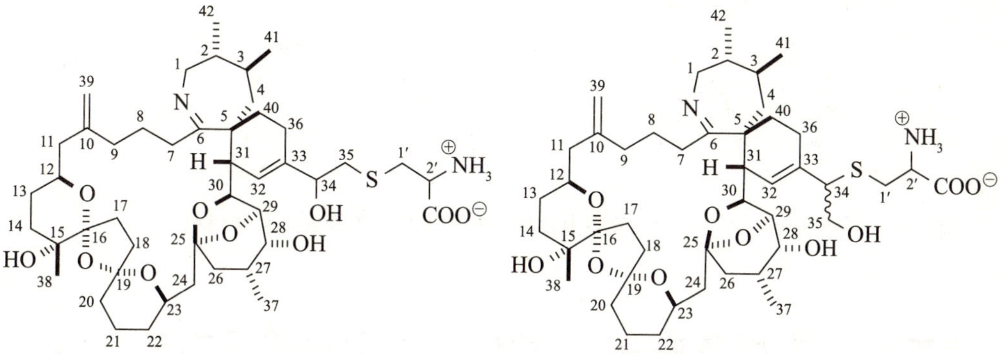

Pteriatoxin A(1)

Pteriatoxins B(2)和C(3)

图 9-5 Pteriatoxins 毒素的化学结构[37]

六、Prorocentrolide

1988 年，人们从生产 DSP 毒素的利玛原甲藻中分离得到一种有毒活性物质，称为 prorocentrolide (A)[39]。这种物质是一种新的含氮的大环聚醚内酯。随后，人们又从 *P. maculosum* 中分离得到 prorocentrolide B[40]。这两种毒素都能够在短时间内将小鼠致死，但是它不具有 OA 毒素的典型毒性特征。因此，也把它们归类于快作用毒素。这类毒素与 spirolide、gymnodimine、pinnatoxin 的分子结构中均含有一个环状的亚胺基团（如图 9-6 所示），并且 spirolide 毒素的亚胺基团还原为叔胺时失去毒性，说明这个基团是这类快作用毒素的药效基团。

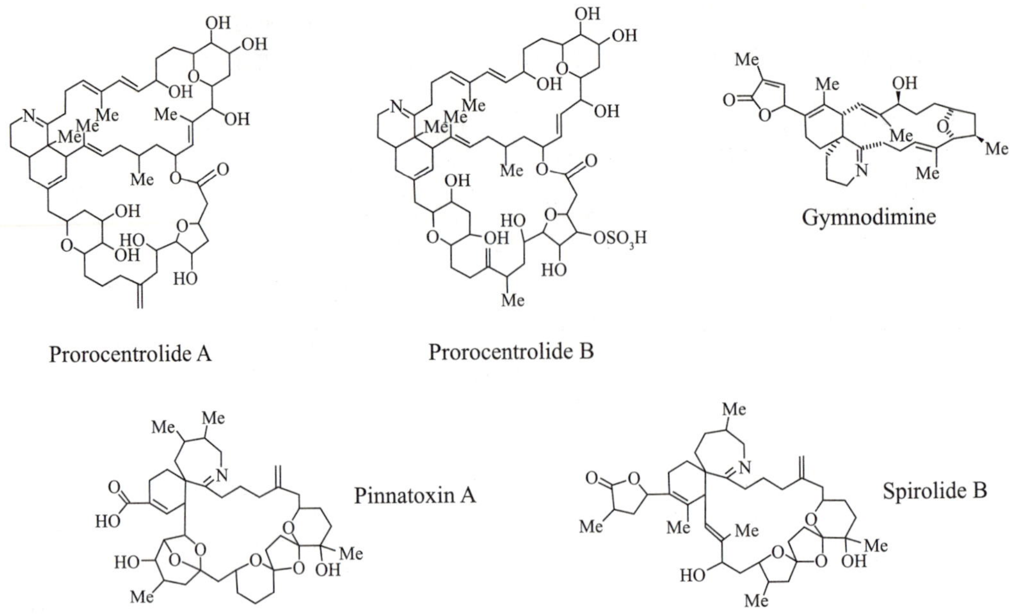

图 9-6 相关几个含有环状亚胺结构的大环生物毒素的化学结构[38]

第二节 液相色谱-串联质谱法测定水产品中氮杂螺环酸贝类毒素

一、原理

建立了双壳类水产品中氮杂螺环酸贝类毒素 Azaspiracid 1（AZA1）、Azaspiracid 2（AZA2）和 Azaspiracid 3（AZA3）的液相色谱-电喷雾串联质谱检测方法。选用具有基质代表性的扇贝、牡蛎和杂色蛤为研究对象，样品经 80％甲醇-水混合溶液提取，正己烷脱脂、氯仿反提萃取并旋转蒸发浓缩后，MAX 混合型阴离子交换反相吸附固相萃取柱净化，Luna C18 色谱柱（150mm×2.0mm，5μm，Phenomenex 公司）反相液相色谱法分离，乙腈和 0.1％甲酸溶液组成的流动相梯度洗脱，正离子扫描，多反应监测（MRM）模式下电喷雾串联质谱法测定和确证，外标法定量。结果表明，3 种氮杂螺环酸毒素均在 4min 内出峰，检出限均为 1.5μg/kg，在（0.3～30）μg/L 范围内线性良好，平均回收率大于 80％，相对标准偏差（RSD）小于 12％（n =6）。

二、试剂与材料

2.1 氮杂螺环酸毒素标准品：AZA1、AZA2 和 AZA3（加拿大海洋生物科学研究所，纯度≥95％）；

2.2 甲醇（色谱纯，美国 Burdick & Jackson 公司）；

2.3 乙腈（色谱纯，美国 Burdick & Jackson 公司）；

2.4 甲酸（色谱纯，美国 Dikma 公司）；

2.5 氯仿（农残级，美国 Tedia 公司）；

2.6 正己烷（优级纯，天津市科密欧化学试剂有限公司）；

2.7 乙酸钠（优级纯，天津市科密欧化学试剂有限公司）；

2.8 实验用水由 Mill－Q 纯水仪制备；

2.9 双壳类水产品主要选择扇贝，牡蛎和杂色蛤。实验室－20℃保存待用。

三、仪器与设备

3.1 API 4000 液相色谱-串联质谱仪（美国应用生物系统公司），配有电喷雾离子源；

3.2 T25 basic 型均质器（德国 IKA 公司）；

3.3 2－16K 型高速离心机（德国 Sigma 公司）；

3.4 MS3 型涡旋混合器（德国 IKA 公司）；

3.5 RV 10 型旋转蒸发仪（德国 IKA 公司）；

3.6 固相萃取装置、MAX 混合型阴离子交换反相吸附固相萃取小柱（美国 Waters公司）。

3.7 Mill－Q 纯水仪（美国 Millipore 公司）。

四、检测步骤

4.1 样品提取

提取有代表性样品可食部分 100g，洗净后 9500r/min 均质 5min，称取均质好的试样 2g（精确到 0.01）置于 50mL 具塞塑料离心管中，加入 80%（体积分数）甲醇 8mL，涡旋提取 2min，于 4℃下以 8000r/min 离心 5min，转移上清液于另一离心管中，残渣中加入 80%（体积分数）甲醇 8mL 重提一次，合并上清液。提取液中加入正己烷 5mL，1500r/min 涡旋提取 1min，静置分层后去正己烷层。提取液中再加入氯仿 15mL，1500r/min 涡旋提取 2min，于 4℃下以 8000r/min 离心 2min，去除上层液，转移下层液至鸡心瓶中，在 50℃水浴上旋转蒸发至近干。加入 1mL 甲醇溶解残渣后，再加入 4mL 水，混合均匀，待净化。

4.2 样品净化

MAX 固相萃取小柱使用前依次用 5mL 甲醇和 5mL 水预洗。将上述所得样品提取液过 MAX 固相萃取小柱，弃去流出液，用 5mL 淋洗液（50mmol/L 乙酸钠-甲醇，95∶5，V/V）洗涤，弃去流出液，用 5mL 洗脱液（甲醇-甲酸，98∶2，V/V）洗脱，收集全部洗脱液，加甲醇定容至 10mL，混合均匀，过 0.22μm 滤膜，供 LC－MS/MS 仪测定。

4.3 液相色谱与质谱条件

4.3.1 色谱条件

Luna C18 色谱柱（150mm×2.0mmi.d.，5μm）。流动相：A 为 0.1%甲酸溶液，B 为乙腈。梯度洗脱：0～2.5min，60%～10%A；2.5～4.5min，10%A；4.5～4.51min，10%～60%A；4.51～6.0min，60%A。流速 1.0mL/min，进样体积 5μL，柱温为 35℃。

4.3.2 质谱条件

质谱扫描方式为电喷雾正离子扫描，检测方式为多反应监测；碰撞气为氮气；电喷雾电压：4500.00V；去簇电压（DP）：110V；入口电压（EP）：10V；碰撞室出口电压（CXP）：22V；离子源温度：650℃；雾化气压力：275.8kPa；辅助气压力：55L/min；气帘气压力：172.4kPa；其他参数见表 9-1。

表 9-1 氮杂螺环酸毒素贝类毒素质谱参数

化合物	母离子（m/z）	子离子（m/z）	碰撞能量（eV）
AZA1	842.5	824.1* 806.2	45 55
AZA2	856.4	838.3* 820.6	45 55
AZA3	828.3	810.5* 792.4	45 22

*定量离子（Quantitative ion）。

五、分析结果

5.1 检测下限和线性关系

以 10 倍信噪比（S/N）作为检测下限（LOQ），测得 AZAs 在扇贝、牡蛎和杂色蛤等双壳类水产品样品中的 LOQ 均为 1.5μg/kg（浓度为 0.3μg/L）。用 0.3，1.2，2.4，12 和 30μg/L 系列梯度浓度 AZAs 混合标准工作液，依次按方法描述的仪器条件进行测定。每个浓度重复 3 次，通过标准溶液浓度 Y 与对应的仪器响应峰面积平均值 X 进行线性回归。在（0.3～30）μg/L 的浓度范围内线性良好，AZA1，AZA2 和 AZA3 的相关系数分别为 0.9992，0.9990 和 0.9990。

5.2 回收率、精密度和样品分析

欧洲委员会规定双壳类水产品中 AZA1，AZA2 和 AZA3 的最大允许浓度为 160μg/kg（以贝肉计），即如果样品中 AZA1，AZA2 和 AZA3 总量超过了 160μg/kg，则可判定其为阳性样品。对于存在最高残留限量（MRL）的物质，一般设定 LOQ，MRL 和 2MRL 3 个标准物质添加浓度水平进行相关的添加回收实验。对于 AZAs 中的每个组分 AZA1，AZA2 和 AZA4 的 MRL 则可按照 160μg/kg 的 1/3 对其基本限定，即 60μg/kg 左右。因此，本方法设定 1.5，60 和 120μg/kg 3 个浓度水平对 AZA1，AZA3 和 AZA3 进行添加回收实验。实际测试中，如果待测物浓度高于线性范围则需稀释待测物浓度使之在线性范围内，再通过乘以稀释倍数的折算方式来计算 AZAs 浓度。以牡蛎为例，空白样品加标（1.5μg/kg）的 MRM 色谱图见图 9-7。

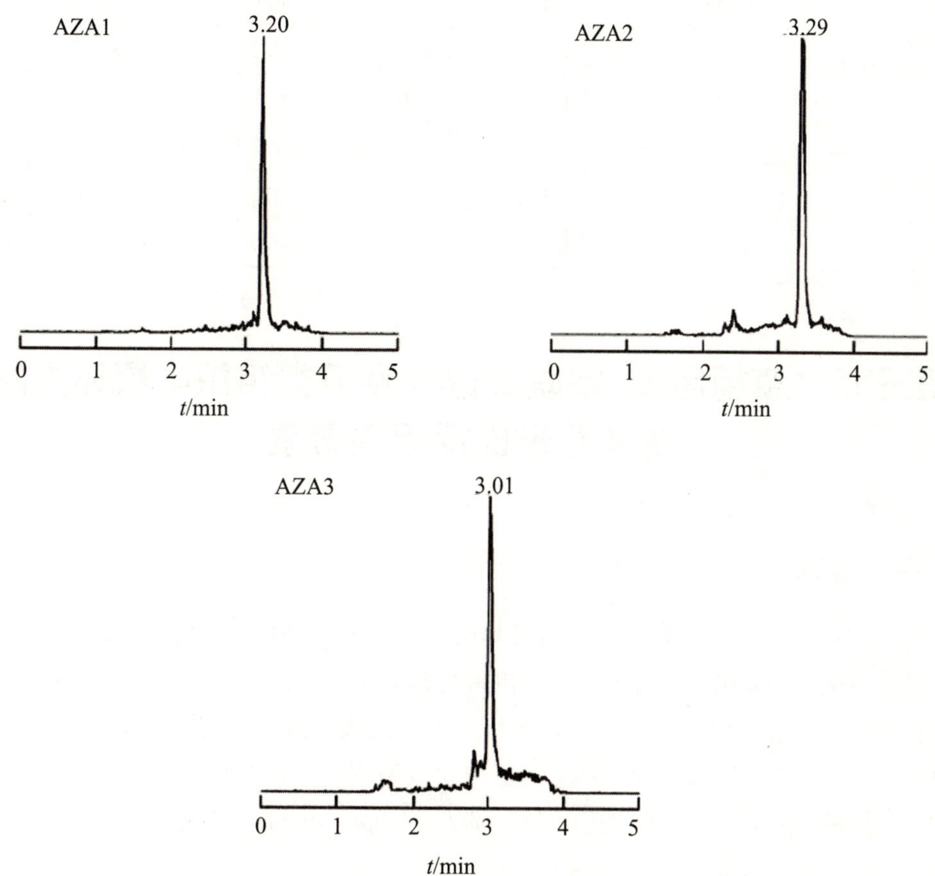

图 9-7　空白牡蛎样品加标 1.5μg/kg 的 MRM 色谱图

分别在扇贝、牡蛎和杂色蛤中添加 3 个不同浓度水平的 AZAs 标准溶液，每个添加水平做 6 次平行实验，回收率和精密度测定结果见表 9-2。实验结果表明，在 1.5，60 和 120μg/kg 添加水平下，AZAs 的平均回收率均大于 80%，相对标准偏差（RSD）小于 12%。

表 9-2 方法的加标回收率和精密度（$n=6$）

基质	化合物	添加水平 μg/kg			平均回收率%			相对标准偏差%		
扇贝 Scallop	AZA1	1.5	60	120	86.4	92.9	91.1	9.0	9.8	3.0
	AZA2	1.5	60	120	82.6	88.4	91.7	8.0	4.4	7.3
	AZA3	1.5	60	120	87.3	83.9	89.1	8.4	9.3	5.0
牡蛎 Oyster	AZA1	1.5	60	120	83.9	90.9	89.3	9.1	6.1	7.8
	AZA2	1.5	60	120	81.3	86.4	92.5	10.1	7.3	7.8
	AZA3	1.5	60	120	85.0	90.2	87.8	7.7	8.0	7.9
杂色蛤 Clam	AZA1	1.5	60	120	83.3	81.9	91.4	6.7	7.5	6.0
	AZA2	1.5	60	120	81.2	82.3	84.1	6.8	10.4	10.9
	AZA3	1.5	60	120	83.2	84.8	88.9	7.0	7.1	11.8

第三节　液相色谱-串联质谱检测贝类组织中螺环内酯毒素和米氏裸甲藻毒素

一、原理

用甲醇-水（4∶1，V/V）溶液对贝类组织中 GYM，SPX_1 进行提取，MAX 阴离子交换柱净化后，采用液相色谱分离，以电喷雾离子源正离子选择反应监测模式进行质谱分析。贝毒素 GYM，SPX_1 在各自相应浓度范围内线性良好，相关系数>0.99。扇贝闭壳肌空白样品添加 2 种贝毒素的提取率及精密度（RSD）均较为满意。贝类组织中 2 种贝毒素 GYM，SPX_1 的检出限分别为 0.10μg/kg 和 0.21μg/kg。

二、试剂与材料

2.1　甲醇（色谱纯，德国 Merk 公司）；

2.2　乙酸乙酯（色谱纯，德国 Merk 公司）；

2.3　乙腈（色谱纯，德国 CNW 公司）；

2.4　甲酸（色谱纯，德国 Fluka 公司）；

2.5　甲酸铵（色谱纯，德国 Fluka 公司）；

2.6　实验用水均来自 Milli-Q 纯水系统；

2.7　贝毒素标准品 GYM，SPX_1 购自于加拿大海洋生物科学研究所（The National Research Council Canada，Marine Analytical Chemistry Standards Program，Halifax NS，Canada）。

2.8　贝类样品主要是菲律宾蛤仔（Ruditapes philippinarum）、紫贻贝（Mytilus galloprovincialis）、栉孔扇贝（Chlamys farreri）、长牡蛎（Crassostrea gigas），栉江珧（Atrina pectinate），于－20℃冷冻保存待用。

三、仪器与设备

3.1　Thermo Finnigan TSQ Quantum Access 液相色谱-高分辨串联四极杆质谱联用仪，配有电喷雾（ESI）离子源；

3.2　CR22G 型高速离心机（日本日立公司）；

3.3　Tailboys VX－3000 型漩涡混合器（美国 Troemner 公司）；

3.4　KQ－600DE 型超声波清洗器（昆山市超声仪器有限公司）；

3.5　Milli－Q 超纯水器（美国 Millipore 公司）；

3.6　N－EVAP112 氮吹仪（美国 Organomation 公司）；

3.7　T18 basic 型均质机（德国 IKA 公司）；

3.8　MAX 阳离子交换柱（美国 Waters 公司）。

四、检测步骤

4.1　样品制备

4.1.1　贝类毒素的提取

取贝类组织 100g，以 10000r/min 均质 5min，准确称取均质后的样品 2.00g 于 15mL 离心管中，加入 6mL 80％甲醇水溶液，旋涡振荡 1min，超声提取 10min，以 7000r/min 离心 5min，将上清液转移至试管中。重复上述操作两次，合并上清液，用甲醇-水溶液（90∶10，V/V）定容至 20.0mL。混匀后量取 5.0mL 于 10mL 玻璃管中，40℃氮气吹至少于 0.5mL，加入 2mL 乙酸乙酯后旋涡 1min 进行萃取，以 3000r/min 离心 5min，重复上述操作，合并乙酸乙酯层后于 40℃用氮气吹干，加 300μL 甲醇，旋涡混匀，再加入 700μL 水，待净化。

4.1.2　净化处理

MAX 固相萃取柱依次用 3mL 甲醇、3mL 水进行预处理，然后加入上样液，依次用 1mL5％氨水、2mL 甲醇-水溶液（30∶70，V/V）淋洗，最后用 1mL 甲酸-甲醇（2∶98，V/V）洗脱。洗脱液于 40℃用氮气吹干，准确加入 200μL 甲醇定容，旋涡 1min 后过孔径为 0.22μm 有机滤膜，滤液供 LC－MS/MS 分析。

4.2　LC－MS/MS 分析条件

4.2.1　色谱条件

色谱柱：Atlantis d C18（150mm×4.6mm，5.0μm，Waters 公司）；柱温：35℃；样品室温度 4℃；进样量：10μL；流动相 A 为乙腈-水（95∶5，V/V），B 为水，两者均含有 50mmol/L 甲酸和 2mmol/L 甲酸铵溶液，采用梯度洗脱方式：（0.0～2.0）min，60％A；（2.1～6.0）min，5％A；（6.1～8.0）min，60％A；流速：0.2mL/min。

4.2.2 质谱条件

电喷雾离子源 ESI；反应检测模式（SRM）；电喷雾电压：4000V；毛细管温度：351℃；辅助气压力：172.4kPa；鞘气压力：68.9kPa。扫描宽度（m/z）：0.01；扫描时间：0.5s。其他质谱参数详见表 9－3。

表 9－3 两种毒素的质谱参数

毒素	保留时间/min	电离源模式	母离子 m/z	子离子 m/z	碰撞能量/eV
米氏裸甲藻贝毒素 Gymnodimine（GYM）	2.5	ESI^+ $[M+H]^+$	508.3	174.2 490.6*	38 23
螺环内酯毒素 Spirolide—1（SPXl）	3.6	ESI^+ $[M+H]^+$	692.5	444.5 674.0*	34 23

* 定量离子（Quantitative ion）。

五、分析结果

5.1 标准曲线

在扇贝闭壳肌空白样品中加入梯度系列浓度的 2 种脂溶性贝毒素，制备基质校正标准溶液，仪器响应峰面积 Y 对 2 种脂溶性毒素浓度 X 进行线性回归，2 种贝毒素的线性良好（表 9－4），空白样品及加标样品的色谱图见图 9－8，两种贝毒的电喷雾质谱见图 9－9。

表 9－4 两种毒素的回归方程、相关系数和线性范围

毒素	回归方程	相关系数	线性范围/（μg/kg）
米氏裸甲藻贝毒素 GYM	$Y=104934X+7531.1$	0.9971	0.3～2.0
螺环内酯毒素 SPXI	$Y=13110.3X-3722.9$	0.9990	0.71～4.25

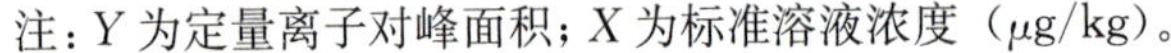

注：Y 为定量离子对峰面积；X 为标准溶液浓度（μg/kg）。

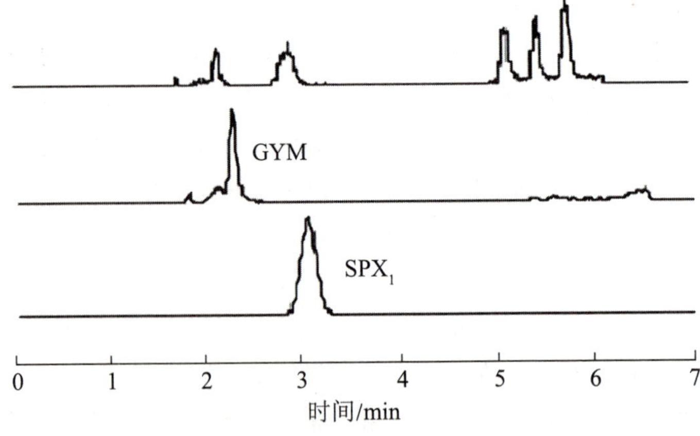

图 9－8 加标扇贝肌肉的色谱图

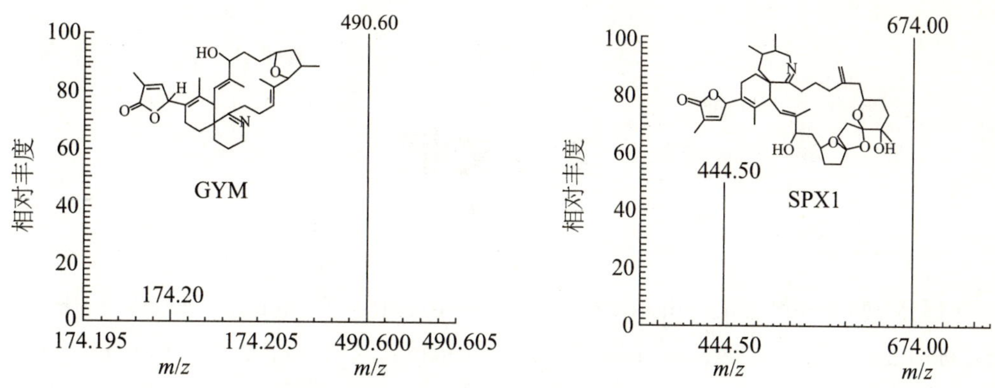

图 9-9　2 种毒素的电喷雾质谱图（SRM）

5.2　检出限、提取率和精密度

以 $S/N=3$ 计算方法的检出限，2 种毒素在贝类中的检出限分别为 0.10μg/kg，0.21μg/kg。在扇贝贝壳肌空白样品中，添加 3 个浓度水平的毒素标准品溶液，每个添加水平平行测定 6 次，测定结果见表 9-5。

表 9-5　空白样品添加 2 种脂溶性毒素的提取率及精密度（$n=6$）

毒素	添加水平 μg/kg	平均提取率%	RSD%
米氏裸甲藻贝毒素 GYM	0.25	85.8	8.5
	0.63	91.0	12.4
	1.26	89.7	10.0
螺环内酯毒素 SPX1	0.88	79.3	7.7
	1.77	93.8	14.9
	3.53	91.9	10.8

参考文献

[1] McMahon T. and Silke J. 1996. Winter toxicity of unknown aetiology in mussels. Harmful Algae News (The Intergovermental Oceanographic Commission of UNESCO) 14, 2.

[2] Satake M., Ofuji K., Naoki H., et al., 1998b. Azaspiracid, a new marine toxin having unique spiro ring assemblies, isolated from Irish mussels, Mytilus edulis. J. Am. Chem. Soc. 120, 9967-9968.

[3] Satake M., Ishibashi Y., Legrand M. M., et al., 1997b. Isolation and structure of ciguatoxin-4A, a new ciguatoxin precursor, from cultures of dinoflagellate Gambierdiscus toxicus and parrotfish Scarus gibbus. Biosci. Biochem. Biotech. 60, 2103-2105.

[4] Ofuji K., Satake M., McMahon T., et al., 1999a. Two analogs of azaspiracid isolated from mussels, Mytilus edulis, involved in human intoxications in Ireland. Nat. Toxins 7, 99-102.

[5] Ofuji K., et al., 2001. Structures of azaspiracid analogs, azaspiracid-4 and azaspiracid-5, causative toxins of azaspiracid poisoning in Europe. Biosci. Biotechnol. Biochem. 65, 740-742.

[6] Lehane M., Sáez M. J. F., Magdalena A. B., et al., 2004. Liquid chromatography-multiple tandem mass spectrometry for the determination of ten azaspiracids, including hydroxyl analogues in shellfish. J. Chromatogra. A 1024, 63-70.

[7] Lehman E. M., Brodie Jr E. D. and Brodie III E. D. 2004. No evidence for an endosymbiotic bacterial origin of tetrodotoxin in the newt Taricha granulosa. Toxicon 44, 243-249.

[8] Botana L. M. [eds.] 2000. Seafood and Freshwater Toxins: Mode of Action, Pharmacology and Physiology of Phycotoxins, Marcel Dekker, New York.

[9] Peperzak L., Bouma H., Peletier H., et al., 2002. Rapport RIKZ/OS/2002.045. Jaarrapport Monisnel 2001, Dated 3 September 2002.

[10] James K. J., Moroney C., Roden C., et al., 2003. Ubiquitous 'benign' alga emerges as the cause of shellfish contamination responsible for the human toxic syndrome, azaspiracid poisoning. Toxicon 41, 145-151.

[11] James K. J. , Lehane M. , Moroney C. , et al. , 2002a. Azaspiracid shellfish poisoning: unusual toxin dynamics in shellfish and the increased risk of acute human intoxications. Food Add. Contam. 19 (6), 555 - 561.

[12] Magdalena A. B. , Lehane M. , Moroney C. , et al. , 2003. Toxin 42, 105.

[13] Ito E. , Satake M. , Ofuji K. , et al. , 2002. Chronic effects in mice caused by oral administration of sublethal doses of azaspiracid, a new marine toxin isolated from mussels. Toxicon 40 (2), 193 - 203.

[14] EU/SANCO 2001. Report of the meeting of the working group on toxicology of DSP and AZP 21 to 23nd May 2001, Brussels.

[15] Hu T. , Burton I. W. , Cembella A. D. , et al. , 2001. Characterization of spirolides A, C and 13 - desmethyl C, new marine toxins isolated from toxic plankton and contaminated shellfish. J. Nat. Prod. 64, 308 - 312.

[16] Hu T. , Curtis J. M. , Oshima Y. , et al. , 1995. Spirolides B and D, two novel macrocycles isolated from the digestive glands of shellfish. J. Chem. Soc. Chem. Commun. 2159 - 2161.

[17] Hu T. , Curtis J. M. , Walter J. A. , et al. , 1996a. Characterization of biologically inactive spirolides E and F: identification of the spirolide pharmacophore. Tetrahedron Lett. 37, 7671 - 7674.

[18] Cembella A. D. , Lewis N. I. , Quilliam M. A. , 1999. Nat. Toxins 7, 197.

[19] Cembella A. D. , Lewis N. , Quilliam M. A. , 2000. The marine dinoflagellate Alexandrium ostenfeldii (Dinophyceae) at the causative organism of spirolide shellfish toxins. Phycologia 39, 67 - 74.

[20] Richard D. , Arsenault E. , Cembella A. , et al. , 2001. Investigations into the toxicology and pharmacology of spirolides, a novel group of shellfish toxins. In: Proceedings of the Ninth International Conference on Harmful Microalgae, IOC - UNESCO, p383 - 873.

[21] Gill S. , Murphy M. , Clausen J. , et al. , 2003. Neural injury biomarkers of novel shellfish toxins, spirolides: a pilot study using immunochemical and transcriptional analysis. NeuroToxicology 24, 593 - 604.

[22] Brimble M. A. and Trzoss M. 2004. A double alkylation - ring closing metathesis approach to spiroimines. Tetrahedron 60, 5613 - 5622.

[23] Hu T. , Curtis J. M. , Walter J. A. , et al. , 1996a. Characterization of biologically inactive spirolides E and F: identification of the spirolide pharmacophore. Tetrahedron Lett. 37, 7671 - 7674.

[24] MacKenzie L. , 1994. More blooming problems: toxic algae and shellfish biotoxins in the South Island (January - May 1994) . Seafood N. Z. 2, 47 - 52.

［25］ Seki T.，Satake M.，Mackenzie L.，et al.，1995. Gymnodimine，a new marine toxin of unprecedented structure isolated from New Zealand oysters and the dinoflagellate，Gymnodinium sp. Tetrahedron Letters 36（39），7093－7096.

［26］ Stirling D. J.，2001. Survey of historical New Zealand shellfish samples for accumulation of gymnodimine. N. Z. J. Mar. Freshwater Res. 35，851－857.

［27］ Munday R.，Towers N. R.，Mackenzie L.，et al.，2004. Acute toxicity of gymnodimine to mice. Toxicon 44，173－178.

［28］ MacKenzie L.，Holland P.，McNabb P.，et al.，2002. Complex toxin profiles in phytoplankton and greenshell mussels（Perna canaliculus），revealed by LC－MS/MS analysis. Toxicon 40，1321－3330.

［29］ Dragunow M.，Trzoss M.，Brimble M. A.，et al.，2005. Investigations into the cellular actions of the shellfish toxin gymnodimine and analogues. Environmental Toxicology and Pharmacology. Available online at www. sciencedirect. com.

［30］ Miles C. O.，Wilkins A. L.，Stirling D. J.，et al.，2000. New analogue of gymnodimine from a gymnodinium species. J. Agric. Food Chem. 48，1373－1376.

［31］ Otofuji T.，Ogo A.，Koishi J.，et al.，1981. Food Sanit. Res. 31，76－83.

［32］ Uemura D.，Chou T.，Haino T.，et al.，1995. A toxic amphoteric macrocycle from the Okinawan bivalve Pinna muricata. J. Am. Chem. Soc. 117，1155－1156.

［33］ Chou T.，Kamo O. and Uemura D. 1996a. Relative stereochemistry of pinnatoxin A，a potent shellfish poison from Pinna muricata. Tetrahedron Lett. 37.

［34］ Chou T.，Haino T.，Kuramoto M.，1996b. Isolation and structure of pinnatoxin D，a new shellfish poison from the Okinawan bivalve Pinna muricata. Tetrahedron Lett. 37，4027－4030.

［35］ Takada N.，Umemura N.，Suenaga K.，et al.，2001a. Pinnatoxins B and C，the most toxic components in the pinnatoxin series from Okinawan bivalve Pinna muricata. Tetrahedron Letters 42，3491－3494.

［36］ Falk M.，Burton I. W.，Hu T.，2001. Assignment of the relative stereochemistry of the spirolides，macrocyclic toxins isolated from shellfish and from the cultured dinoflagellate Alexandrium ostenfeldii. Tetrahedron 57，8659－8665.

［37］ Takada N.，Umemura N.，Suenaga K.，et al.，2001b. Structural determination of pteriatoxins A，B and C，extremely potent toxins from the bivalve Pteria penguin. Tetrahedron Letters 42，3495－3497.

［38］ Ein K. S. and Borrone J. 1999. Polyketides from dinoflagellates：origins，pharmacology and biosynthesis. Comparative Biochemistry and Physiology Part B 124，117－131.

［39］ Torigoe K.，Murata M.，Yasumoto T.，et al.，1988. Prorocentrolide，a toxic nitrogenous macrocycle from a marine dinoflagellate, Prorocentrum lima. J. Am. Chem. Soc. 110, 7876 - 7877.

[40] Hu T., De Freitas A. S. W., Curtis J. M., et al., 1996b. Isolation and structure of prorocentrolide B, a fast - acting toxin from Prorocentrum maculosum. J. Nat. Prod. 59, 1010 - 1014.

附　录

附录 1　缩略语表

ADAM	9 - anthryldiazomethane	9 -蒽基叠氮甲烷
AOAC	Association of official analytical chemists	美国公职分析化学协会
APCI	Atmosphere pressure chemical ionisation	大气压化学电离
APHA	American public health association	美国公众健康联合会
API	Atmosphere pressure ionisation	大气压电离
ASP	Amnesic shellfish poisoning	记忆缺失性贝毒
ATX	Adriatoxin	神经性贝毒
AZA	Azaspiracid	氮杂螺环酸毒素
AZP	Azaspiracid shellfish poisoning	氮杂螺环酸毒素贝毒
BTX	Brevetoxin	短裸甲藻毒素
C - CTX	Caribbean ciguatoxin	加勒比海西加鱼毒素
CE	Capillary electrophoresis	毛细管电泳
CE - MS	Capillary electrophoresis with mass spectromen	毛细管电泳-质谱联用
CFP	Ciguatera fish poisoning	西加鱼毒素中毒
CI	Chemical ionisation	化学电离
CRM	Chemical reaction monitoring	化学反应监测
CTX	Ciguatoxin	西加鱼毒素
DA	Domoic acid	软骨藻酸
DSP	Diarrhetic shellfish poisoning	腹泻性贝毒
DTX	Dinophysistoxin	鳍藻毒素
ELISA	Enzyme - linked immunosorbent assay	酶联免疫分析
ESI	Electrospray ionization	电喷雾离子化

表（续）

EU	European Union	欧盟
FAB	Fast atom bombardment	快原子轰击
FIA	Flow injection analysis	流动注射分析
FS	Full scan	全扫描模式监测
GC	Gas chromatography	气相色谱
GTX	Gonyautoxin	膝沟藻毒素
GYM	Gymnodimine toxin	米氏裸甲藻毒素
HAB	Harmful algal bloom	有害赤潮
HFBA	Heptafluorobutyrate	七氟丁酸
HILIC	Hydrophylic interaction liquid chromatography	亲水交互作用液相色谱
HPLC	High performance liquid chromatography	高效液相色谱
HSP	Hepatotoxic shellfish poisoning	肝毒性贝毒
Lp.	Intraperitoneal injection	腹腔注射
ICR	International cancer research	国际癌症研究中心
LC	Liquid chromatography	液相色谱
LC-ESI-MS	Liquid chromatography-electrospray ionization-mass spectrometry	电喷雾离子化源液相-质谱联用仪

附录2 水产品中海洋生物毒素国际标准检测方法目录和网站

（一）检测标准方法及标准操作程序

1. BS EN 16204：2012. Foodstuffs - Determination of lipophilic algal toxins（okadaic acid group toxins，yessotoxins，azaspiracids，pectenotoxins）in shellfish and shellfish products by LC-MS/MS.

2. European union reference laboratory for marine biotoxins. EU - harmonised standard operating procedure for determination of lipophilic marine biotoxins in mollusks by LC-MS/MS. Coordination：European union reference laboratory for marine biotoxins（EU-RL-MB）Agencia Espanola de seguridad alimentariay nutricion（AESAN）Estacion Maritima S/N 362000 Vigo，Spain.

3. Standard operating procedure of Community reference labotatory of marine bio-

toxins. Multitoxin reference method for LC－MS analysisi of OA，AZA，YTX，PTX and SPX groups biotoxins. Coordination：Community reference labotatory of marine biotoxins. Community reference labotatory of marine biotoxins（CRLMB）. Estacion maritima S/N. Muelle de Trasatlanticos 36200 Vigo，Spain.

4. European Committee for Standardization. European Standard CEN /TC 275. Foodstuffs－determination of domoic acid in shellfish and finish by RP－HPLC using UV detection［S］. CEN ，2008：2－15.

5. AOAC Official Method 2005. 06 Paralytic Shellfish Poisoning Toxins in Shellfish Prechromatographic Oxidation and Liquid Chromatography with Fluorescence Detection Action 2005.

6. AOAC Official Method 2006. 02－2006，Domoic acid toxins in shellfish. Biosense ASP.

7.（EU）No 786/2013 Amending Annex III To Regulation（EC）No 853/2004 of The European Parliament and of The Council As Regards The Permitted Limits of Yessotoxins In Live Bivalve Molluscs.

8. SN/T 4319—2015 出口水产品中微囊藻毒素的检测　液相色谱-质谱/质谱法（2016－4－1 实施）.

9. SN/T 4251—2015 出口贝类中原多甲藻酸类贝类毒素的测定　液相色谱-质谱/质谱法（2016－1－1 实施）.

10. GB/T 5009. 206—2007 鲜河豚鱼中河豚毒素的测定.

11. GB/T 5009. 213—2008 贝类中麻痹性贝类毒素的测定.

12. GB/T 5009. 198—2003 贝类　记忆丧失性贝类毒素软骨藻酸的测定.

13. GB/T 23217—2008 水产品中河豚毒素的测定　液相色谱-荧光检测法.

14. GB/T 23215—2008 贝类中多种麻痹性贝类毒素含量的测定　液相色谱-荧光检测法.

15. SN/T 3869—2014 出口水产品中雪卡毒素的测定.

16. SN/T 1573—2013 出口贝类中神经性贝类毒素检测方法　小鼠生物法（2014－6－1 实施）.

17. SN/T 1569. 2—2013 出口河豚鱼中河豚毒素检测方法　第 2 部分：小鼠生物法.

18. SN/T 3038—2011 出口海产品中西加毒素的检测　小鼠生物法.

19. SN/T 1070—2002 进出口贝类中记忆丧失性贝类毒素检验方法.

20. SN/T 2131. 1—2008 进出口贝类腹泻性贝类毒素检测方法　第 1 部分：荧光磷酸酶抑制法（中英文版）.

21. SN/T 2678—2010 进出口淡水产品中微囊藻毒素的检测方法　酶联免疫吸附法.

22. SN/T 2663—2010 贝类中失忆性贝类毒素检验方法　酶联免疫吸附法.

23. GB/T 5009. 212—2008 贝类中腹泻性贝类毒素的测定.

24. GB/T 20466—2006 水中微囊藻毒素的测定.

25. SN 0352—1995 出口贝类麻痹性贝类毒素检验方法（中英文版）.

26. SN/T 2131.2—2010 进出口贝类腹泻性贝类毒素检验方法　第2部分：小鼠生物法.

27. SN/T 1996—2007 贝类中腹泻性贝类毒素检验方法　酶联免疫吸附法.

28. SN/T 1773—2006 进出口贝类中麻痹性贝类毒素检测方法　酶联免疫吸附试验法.

29. SN/T 1735—2006 进出口贝类产品中麻痹性贝类毒素检验方法　高效液相色谱法.

30. SC/T 3024—2004 腹泻性贝类毒素的测定　生物法.

31. SC/T 3023—2004 麻痹性贝类毒素的测定　生物法.

32. DB33/T 743—2009 水产品中腹泻性贝类毒素残留量的测定　液相色谱-串联质谱法.

（二）标准检测方法查询网站

1. http：//down.foodmate.net/standard/
2. http：//www.aoac.org
3. http：//www.astm.org/
4. http：//www.ptsn.net.cn/
5. http：//www.cen.eu/
6. http：//cx.spsp.gov.cn/
7. http：//www.stdinfo.org.cn/
8. http：//www.cssn.net.cn/
9. http：//www.spc.org.cn/
10. http：//www.bzjsw.com/
11. http：//www.iso.org/iso/en/ISOOnline.frontpage
12. http：//www.bzcbs.com.cn/